KB138702

위대한 전환

: 지구 온도 2도를 지키기 위해

위대한 전환

: 지구 온도 2도를 지키기 위해

생각과 개념
알렉산드라 하만, 클라우디아 체아슈미트,
라인홀트 라인펠더

글
알렉산드라 하만, 클라우디아 체아슈미트

과학 자문
라인홀트 라인펠더

그림
외르크 휠스만, 외르크 하르트만,
로베르트 니폴트, 니폴트 스튜디오, 이리스 우구렐

번역
김소정

감수
홍종호(서울대 환경대학원 교수)

푸른
지식

이 프로젝트는 지구환경변화자문위원회(German Advisory Council on Global Change, WBGU) 자문위원들이 자발적으로 협력하고 관대하게 도움을 주지 않았다면 결코 해내지 못했을 것입니다.

머리말은 이리스 우구렐(베를린)이 그렸고, 한스 요아힘 셸른후버와 디르크 메스너와 레나테 슈베르트는 로베르트 니폴트(뮌스터)가 그렸고, 라인홀트 라인펠더와 위르겐 슈미트와 자비네 슐라케는 외르크 휠스만(베를린)이 그렸고, 슈테판 람슈토르프와 네보사 나키세노비치와 클라우스 레게비, 그리고 웅장한 대단원은 외르크 하르타만(뮌스터)이 그렸습니다.

표지는 니폴트 스튜디오의 아스트리트 니폴트, 크리스티네 고펠, 로베르트 니폴트의 작품입니다.

『위대한 전환』의 출간 프로젝트는 독일연방 교육연구부가 2012년, '과학의 해'를 맞이해 진행한 '지구 프로젝트 : 우리의 미래(Project Earth : Our Future)'의 일환입니다. 이 책은 2011년에 지구환경변화자문위원회가 발표한 보고서('변하는 세계 : 지속가능성을 위한 사회 계약(World in Transition - A Social Contract for Sustainability)')를 기반으로 작성했습니다.

GEFÖRDERT VOM

차례

 추천사

지속가능한 미래를 위하여

이 책은 기후변화 위기의 진단서이자, 그 해결방안으로 '지속가능한 발전'을 제시하고 있는 전략서이다. 복잡하고 어려울 것 같은 주제이지만 시사만화의 형식을 빌려 재미와 정보를 동시에 제공하고 있다. 얘기를 풀어가는 등장인물은 기후변화를 연구하는 독일의 대표적인 학자들이다. 다학제적 접근이 필수적인 주제의 특성상 물리학자, 지질학자, 해양학자, 정치학자, 경제학자, 에너지 전문가가 화자(話者)로 총출동한다. 독일 학자들이지만 설명과 주장은 독일에 국한되지 않고 지구와 인류 전체를 향한 메시지이다. 기후변화 문제에 대한 사전 지식이 없는 독자라고 해도 쉽게 따라가며 읽을 수 있다. 학술 논의를 대중적 차원으로 전환해서 구체적인 대안을 보여주고 있다는 점이 이 책의 가장 큰 장점일 것이다.

얼마 전 제21차 유엔기후변화협약 당사국 총회(COP21)가 파리에서 열렸다. 기후변화 문제 해결을 위한 국가 간 협의체이다. 세계 모든 국가의 참여와 책임 분담을 목표로 끝장 토론까지 불사하고자 했던 두 주 동안의 회의에서 마침내 파리협약(Paris Agreement)이 타결됐다. 협약문 자체는 고무적이다. 지구 평균기온 상승 억제 목표를 기존 목표치인 2℃보다 더 낮은 1.5℃로 명시하고 있다. 21세기 후반에는 인위적인 온실가스 배출과 다양한 경로를 통한 온실가스 흡수 사이에 균형을 이루어야 한다고 선언함으로써 국제사회의 궁극적인 목표가 '탄소중립 경제'임을 천명하고 있다. 그동안 소위 신기후체제를 구축하는 데 가장 큰 걸림돌이었던 선진국으로부터 개발도상국으로의 재정 및 기술 지원 필요성과 규모를 구체화했다. 반면 기존 선진국에게만 주어졌던 의무감축을 신흥국과 개도국을 포함한 모든 나라들에게로 확장했다.

과연 파리협약이 현실화될 수 있을까? 긍정적으로 보는 입장에서는 합의 자체에 도달했다는 것과 목표 달성 여부를 주기적으로 평가하기로 한 점, 그리고 미국과 중국이 적극적으로 협상에 나섰다는 사실이 과거와 크게 달라진 점이라고 평가한다. 하지만 부정적으로 보는 시각도 만만치 않다. 이들은 설사 모든 국가가 2030년까지 자신의 자발적 감축목표를 달성한다고 해도 지구의 온실가스 배출량은 계속해서 증가할 것이라고 비판한다. 개도국이 기대하는 선진국으로부터의 금전적·기술적 지원은 충분하지 않을 수 있으며, 가장 큰 문제점으로는 파리협약이 사실상 아무런 구속력이 없는 문서일 수 있다는 점을 지적한다. 기후변화 피해의 잠재적 심각성에 대한 인식과 미래세대에 대한 인류의 도덕적 책임감을 신뢰할 것인가, 아니면 당장 먹고 사는 문제에 매몰될 수밖에 없는 인간의 근시안적 속성을 인정할 것인가에 따라 낙관과 비관의 경계가 달라질 것이다.

눈을 우리나라로 돌려보자. 한국은 1차 에너지원의 97%를 수입하고 있다. 세계적으로 가장 에너지 수입 의존도가 높은 나라이다. 수입한 석탄과 석유, 천연가스를 연소하는 과정에서 정도의 차이는 있지만 예외 없이 이산화탄소가 발생한다. 이산화탄소는 대표적인 온실가스이다. 논리는 간단하다. 지금과 같이 석탄을 주원료로 전기를 생산하고 에너지를 많이 사용하는 업종 중심의 산업구조를 유지하는 한 우리나라의 온실가스 배출량은 줄어들기 힘들다. 그렇다고 에너지 공급 없는 사회경제를 생각할 수도 없다. 에너지는 산업생산은 물론, 냉난방과 교통을 포함하여 우리의 일상생활을 영위하는 데 있어 필수적인 요소이기 때문이다.

그렇다면 어떻게 해야 할까? 많은 전문가들은 지속적으로 에너지 효율을 높이고 소비를 줄일 수 있는 정책수단을 강구해야 한다고 입을 모은다. 그러나 이것이 말처럼 쉽지 않다는 것에 문제의 심각성이 있다. 국제 설문조사 결과를 보면, '기후변화 문제가 심각한가'라는 질문에 대해 '심각하다'라고 답변하는 한국민의 비율은 세계 최고수준이다. 그러나 '기후변화 문제를 해결하기 위해 에너지 가격이나 세금 인상을 받아들일 용의가 있는가'라는 질문에 대해서는 부정적으로 응답하는 비중이 상대적으로 매우 높은 것 또한 사실이다. 에너지와 환경 이슈만큼 총론 찬성, 각론 반대 현상이 극명하게 나타나는 경우도 드물다.

산업계도 예외는 아니다. 기후변화 문제에 공감하고 대응이 필요하다는 원론적 입장에는 동의하지만, 구체적인 정책방안에 대해서는 입장이 확연히 달라진다. 특히 산업용 전기요금 인상과 같은 민감한 문제에 대해서는 산업경쟁력 약화를 명분으로 반대 목소리를 높이고 있다. 2015년 일정 수준 이상의 이산화탄소 배출 기업에 대해 처음으로 우리나라에

도입된 배출권거래제에 대해서도 지난 수년 동안 과도한 기업 부담을 이유로 반대 의견을 피력해 왔다. 대신 안정적인 전력 공급과 낮은 전기요금이 산업경쟁력의 전제조건임을 내세우고 있다. 현재 우리나라 산업부문의 전력소비 비중은 54%에 달한다. 이처럼 산업계가 많은 전력을 소비하는 나라는 찾기 힘들다.

정부는 어떠한가. 경제부처들은 공공요금 규제를 통한 물가안정을 이유로, 혹은 안정적인 전력공급을 통한 산업계 지원을 이유로 전기요금 현실화를 애써 외면해 왔다. 그러다 보니 전력소비는 급격히 증가했고, 이 수요를 맞추기 위해 화력 발전소와 원자력 발전소를 계속 건설했다. 지난 수십 년 동안 일관되게 행해진 정부의 공급중심 에너지 정책이다. 화석 연료에 대한 정부 보조금 역시 꾸준히 지급되어 왔는데, IMF의 최근 추계는 한국의 에너지 보조금 규모가 세계 9위 수준임을 보여주고 있다. 한쪽에서는 이산화탄소 배출과 기후변화의 심각성을 소리 높여 외치고 있지만, 다른 편에서는 여전히 경제주체들의 에너지 소비를 조장하고 있는 셈이다.

경제성장과 환경보전, 사회통합을 동시에 아우르는 지속가능한 발전은 1980년대 이래 UN을 포함한 국제사회의 최상위 발전전략으로 자리매김하고 있다. 그러나 세대 내 및 세대 간 환경·사회적 차원의 형평성을 전제로 지속가능한 성장을 도모한다는 것은 결코 쉬운 일이 아니다. 그 대표적인 예가 바로 기후변화 문제이다. 기후변화로 인해 미래세대가 겪게 될 잠재적 피해는 오직 현재세대의 의사결정에 종속되어 있다. 자신을 포함한 현재세대의 경제활동이 미래세대를 존중하는 지속가능한 방식이라고 누가 당당하게 말할 수 있을까. 게다가 기후변화로 인한 피해는 이미 슈퍼 태풍 등 극한기상의 형태로 지금도 발생하고 있다. 그 주된 피해자는 개도국의 사회경제적 약자로 드러나고 있다. 그럼에도 세계 곳곳에서 자신과 집단의 만족을 극대화하기 위한 자원소비적인 경제행태는 맹위를 떨치고 있다. 기후변화 대응과 관련하여 지속가능한 발전의 실현 가능성에 대한 근본적인 회의를 갖게 하는 대목이다.

그러나 『위대한 전환 : 지구 온도 2도를 지키기 위해』는 기후변화 위기극복의 희망을 말하고 있다. 경제성 있는 재생에너지 기술은 날로 발전하고 있고, 미래 책임을 설파하는 '변화 촉진자'가 등장하고 있다고 말한다. 문제는 지속가능성에 대해 열린 마음을 갖고 실천하는 시민의식일 것이다. 이 책에 등장하는 독일 지구환경변화자문위원회 의장 한스 셸른후버 교수는 수강생들에게 다음의 세 가지를 질문한다고 한다. '지금 자신의 삶이 조부모 세대의 삶보다 낫다고 생각하는 분?', '우리 손자 세대가 우리 세대보다 더 잘 살 거라고 생각하는 분?', '손자 세대가 우리보다 못 살아도 괜찮다고 생각하는 분?' 갈수록 손을 드는 수강생의 숫자는 줄어든다. 기후변화에 대한 시민들의 인식변화가 '위대한 전환'을 가져오는 첫 출발점인지도 모른다.

사람은 누구나 가보지 않은 길에 대한 두려움 내지 거부감이 있다. 인간의 화석연료 사용으로 야기된 기후변화는 산업혁명을 계기로 20세기 중반 이후 본격화된 지구적 차원의 문제이다. 그 심각성에 공감한 전문가들이 이 책을 통해 21세기에는 지금까지 살아온 것과는 다른 길을 걸어야 한다고 호소하고 있다. 대한민국은, 나아가 인류는 지속가능한 발전을 달성할 수 있을까? 오늘을 살아가는 시민 한 사람의 변화된 행동이 지역을 바꾸고 온 국민을 움직이는 행복한 상상을 해 본다. 그래서 산업계와 정부, 정치권이 달라지길 꿈꾼다. 그러면 대한민국이 변하고, 한반도의 미래가 바뀔 수 있다. 그 힘이 지구촌 전체를 지속가능한 세상으로 이끌기를 소망한다.

2016년 1월

홍종호(서울대 환경대학원 교수)

머리말

30억 년 전 무렵에 지구는 선캄브리아기(Precambrian)였습니다.

오스트레일리아 샤크 만(Shark Bay)에 가면 볼 수 있는 스트로마톨라이트 (Stromatolite)는 살아있는 돌로 선캄브리아기에는 전 세계 어디에나 있었습니다.

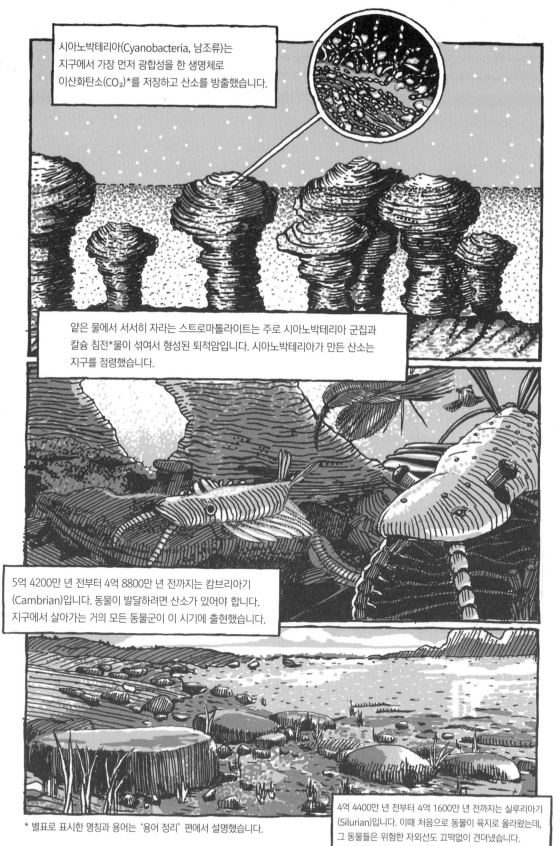

시아노박테리아(Cyanobacteria, 남조류)는 지구에서 가장 먼저 광합성을 한 생명체로 이산화탄소(CO_2)*를 저장하고 산소를 방출했습니다.

얕은 물에서 서서히 자라는 스트로마톨라이트는 주로 시아노박테리아 군집과 칼슘 침전*물이 섞여서 형성된 퇴적암입니다. 시아노박테리아가 만든 산소는 지구를 점령했습니다.

5억 4200만 년 전부터 4억 8800만 년 전까지는 캄브리아기 (Cambrian)입니다. 동물이 발달하려면 산소가 있어야 합니다. 지구에서 살아가는 거의 모든 동물군이 이 시기에 출현했습니다.

4억 4400만 년 전부터 4억 1600만 년 전까지는 실루리아기 (Silurian)입니다. 이때 처음으로 동물이 육지로 올라왔는데, 그 동물들은 위험한 자외선도 끄떡없이 견뎌냈습니다.

* 별표로 표시한 명칭과 용어는 '용어 정리' 편에서 설명했습니다.

4억 1600만 년 전부터 3억 5900만 년 전까지는
데본기(Devonian)입니다. 식물의 뒤를 따라
절지동물, 연체동물, 어류도 육지로 올라왔습니다.

3억 5900만 년 전부터 2억 9900만 년 전까지는
석탄기(Carboniferous)입니다. 이때 지구 표면은 높이가
40m나 되는 석송류(Lycopsid)로 뒤덮여 있었습니다.

이 시기에 죽은 식물은 열과 압력을 받아 석탄으로 변했습니다. 식물이 붙잡은 탄소*가 땅속에 저장된 것입니다.

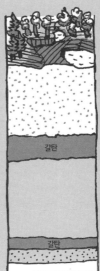

늪에 잠긴 식물은
공기가 없는 곳에서
토탄으로 바뀝니다.

바닷물이 늪으로
흘러 들어오고,
토탄층 위에
퇴적물이 쌓입니다.

압력이 증가하고
온도가 높아지면서
처음으로 갈탄이
만들어집니다.

점점 더 많은
퇴적물이 쌓이고
수압이 증가하면서
더 많은 갈탄층이
생깁니다.

갈탄이 점차
석탄으로 바뀝니다.
인류는 지금도
이 석탄을 캐내어
사용합니다.

13

그와 더불어 해저에서는 플랑크톤이나 해조류 같은 바다 생물이 산소가 없는 곳에서 원유나 천연가스로 바뀌었습니다.

미생물이 바다 밑에 가라앉습니다.

퇴적물이 쌓이고, 혐기성 세균이 미생물의 잔해를 원유의 전구물질인 역청으로 바꿉니다.

높은 압력과 열을 받으면 마침내 원유와 천연가스가 만들어집니다. 원유와 천연가스는 저류암층에 모입니다.

2억 년 전부터 1억 4500만 년 전까지는 쥐라기(Jurassic)입니다. 쥐라기 때는 아주 다양한 동물과 식물이 살았습니다. 집채만 한 공룡도 있었습니다.

1억 4500만 년 전부터 6500만 년 전까지는 백악기[1] 입니다. 이때 꽃을 피우는 현화식물이 출현했습니다.

6500만 년 전부터 260만 년 전까지는 신생대(Cenozoic era) 제3기입니다. 백악기가 끝나고 신생대 제3기가 시작될 무렵에는 지구에 살던 동물 종이 절반이나 사라졌습니다.

[1] Cretaceous

14

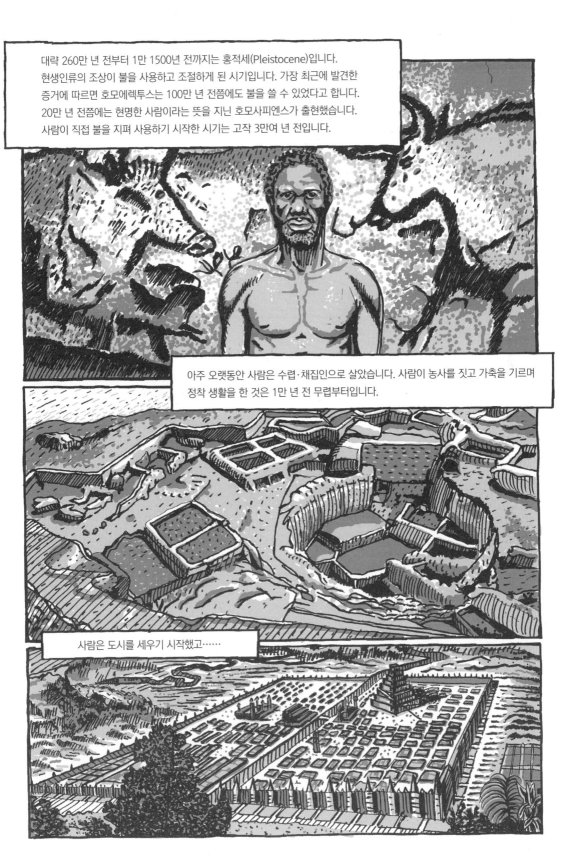

대략 260만 년 전부터 1만 1500년 전까지는 홍적세(Pleistocene)입니다. 현생인류의 조상이 불을 사용하고 조절하게 된 시기입니다. 가장 최근에 발견한 증거에 따르면 호모에렉투스는 100만 년 전쯤에도 불을 쓸 수 있었다고 합니다. 20만 년 전쯤에는 현명한 사람이라는 뜻을 지닌 호모사피엔스가 출현했습니다. 사람이 직접 불을 지펴 사용하기 시작한 시기는 고작 3만여 년 전입니다.

아주 오랫동안 사람은 수렵·채집인으로 살았습니다. 사람이 농사를 짓고 가축을 기르며 정착 생활을 한 것은 1만 년 전 무렵부터입니다.

사람은 도시를 세우기 시작했고……

15

에너지를 얻고자 사람들은
화석연료를 불태웠습니다. 그러자
석탄·석유·원유에 들어있는 탄소가
산소와 결합해 이산화탄소가
되었습니다.

화석연료에서 빠져나온 이산화탄소는 이산화탄소 기체가 되어
대기로 들어갔습니다. 그 때문에 사람이 야기한 온실효과가
발생하고, 지구의 온도가 올라가기 시작했습니다.

1장

우리가 바뀌어야 하는 이유

한스 요아힘 (요한) 셸른후버는
포츠담기후영향연구소* 소장입니다.
또한 샌타페이연구소*의 외부 교수이자
기후지식혁신공동체* 이사회 회장이며
지구환경변화자문위원회(WBGU)
의장이기도 합니다.

포츠담 텔레그라펜베르크
알베르트아인슈타인과학공원

산업화가 시작되면서 사람이
일으키는 환경 변화는 점점 더
규모가 커졌는데, 이제는 새로운
국면에 접어들었습니다.

산업화가 시작될 무렵에 지구
인구는 10억 명 정도였습니다.
하지만 지금은 70억 명에 이르고,
2050년 정도가 되면 90억 명에
달할 것입니다.

2) 토지 생산성을 높이고자 일정한 면적에 많은 자본과 자재, 노동력을 투입하여 토지를 집약적으로 사용하는 농업 형태–옮긴이

요한의 연구실로 가는 길에는
유명한 아인슈타인 탑이 있습니다.

개발 위험에 노출된
자연환경이 많습니다.

토양, 담수 자원, 삼림과 바다가
과도하게 개발되고 있으며,
완전히 파괴된 곳도 있습니다.

자연의 풍성함을 나타내는
지표인 생물다양성은
심하게 감소하고 있습니다.

사람은 또한 탄소순환* 같은 자연계의 기본
화학작용에도 광대하게 영향을 미칩니다.

인류 문명에 생명 유지 장치를 제공해 사람이 살 수 있게 해주는
지구계의 능력은 위기에 처했습니다.

지구의 온도를 낮추지 못한다면 우리는
지구 보호난간*에 부딪치고 말 겁니다.

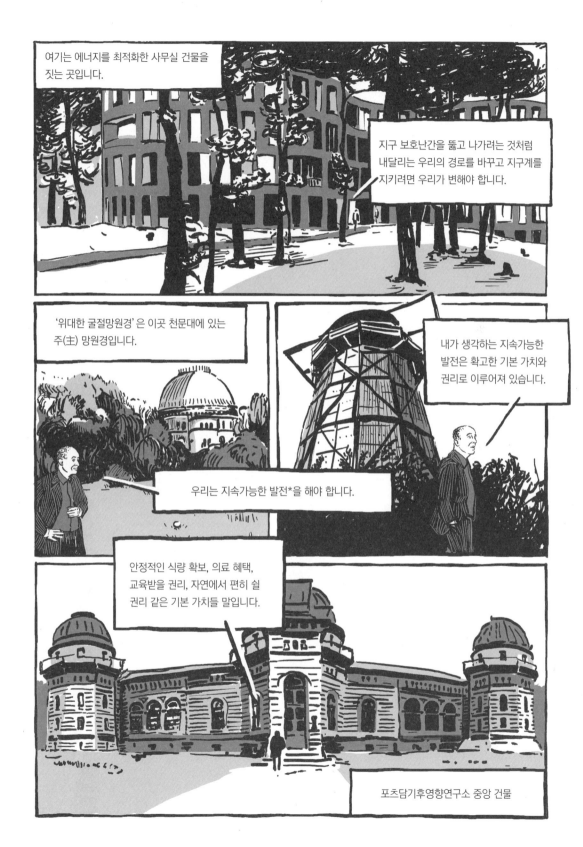

여기는 에너지를 최적화한 사무실 건물을 짓는 곳입니다.

지구 보호난간을 뚫고 나가려는 것처럼 내달리는 우리의 경로를 바꾸고 지구계를 지키려면 우리가 변해야 합니다.

'위대한 굴절망원경'은 이곳 천문대에 있는 주(主) 망원경입니다.

내가 생각하는 지속가능한 발전은 확고한 기본 가치와 권리로 이루어져 있습니다.

우리는 지속가능한 발전*을 해야 합니다.

안정적인 식량 확보, 의료 혜택, 교육받을 권리, 자연에서 편히 쉴 권리 같은 기본 가치들 말입니다.

포츠담기후영향연구소 중앙 건물

1994년부터 지구환경변화자문위원회는 기후변화, 생물다양성의 감소, 지구의 여러 지역에서 일어나는 변화에 대비할 지구 보호난간을 개발해왔습니다.

지금 지구환경변화자문위원회 회의가 열리고 있습니다.

지구환경변화자문위원회는 지구 보호난간을 인류가 측정할 수 있는 위험 한계선이라고 규정합니다. 이 한계선을 넘으면 지금 당장이건 미래에건 결국에는 감당할 수 없는 결과가 생기고, 인류 문명은 위험해집니다. 안전하려면 보호난간 안에 머물러야 합니다.

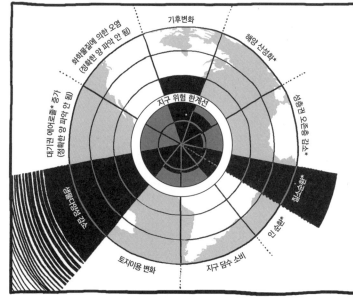

기후변화

화학물질에 의한 오염
(정확한 양 파악 안 됨)

해양 산성화*

대기권 에어로졸* 증가
(정확한 양 파악 안 됨)

성층권 오존층 감소*

지구 위험 한계선

질소순환*

생물다양성 감소

인 순환*

토지이용 변화

지구 담수 소비

출처: 2009년 록스트룀 외

24

지구온난화에 따른 기온 상승을 2℃ 밑으로 제한하려면 무엇보다도 전 세계 사람들이 탄소가 없는 에너지를 사용해야 합니다. 다시 말해서 화석연료가 아닌 재생가능한 에너지원을 사용해야만 합니다.

화석연료를 재생에너지*로 대체하려면 개개인 모두가 자신이 누리는 삶의 방식에 질문을 던질 준비가 되어야 합니다. 보호난간 안에 안전하게 머물려면 앞으로 10년 안에 올바른 길에 접어들어야 합니다.

더구나 기후변화는 '제동거리³⁾'가 아주 길기 때문에 지금 당장 엄격하게 제한해야 합니다.

3) 달리는 자동차에서 브레이크를 밟은 뒤에도 완전히 정지할 때까지 자동차가 이동하는 거리-옮긴이

미래 세대를 대변할 사람들이 필요합니다. 그래서 나는 거듭해서 현재 대표자를 뽑을 투표권이 없는 미래 세대를 위해 우리를 감시할 사람들이 있어야 한다고 제안합니다. 그런 조치야말로 민주주의를 확장하는 방법일 겁니다.

역사를 보면 사람과 사람이 만든 문명은 얼마든지 변할 수 있다는 것을 알 수 있습니다. 예를 들어 1만 1000여 년 전에 살았던 사람들은…….

……농사를 짓고 가축을 길렀습니다. 유목민이었던 사람들이 정착민이 된 것입니다. 그런 농업혁명이 가능했던 이유는 기후가 안정적이었고, 믿을 만한 요소였기 때문입니다.

석기시대

1만 1000년 전, 신석기시대

2장

행성 지구의 인류세
: 사람의 시대

라인홀트 라인펠더는 지구생물학, 인류세, 지식 소통 분야를 주력으로 연구하는 지질학자이자 고생물학자로 베를린자유대학교와 뮌헨의 레이첼카슨센터*에서 근무합니다.

라인홀트는 지금 프랑크푸르트로 갑니다.

지금 우리에게 필요한 것은 제3의 혁명입니다. 지속가능한 사회를 향한 거대한 전환* 말입니다.

사람은 지구계에 엄청나게 많은 영향을 미치므로 많은 과학자가 노벨상 수상자인 파울 크루천이 제안한 개념을 지지합니다. 현대 산업사회를 새로운 지질시대로 보고……

파울 크루천

*인류세라고 부르자고 한 겁니다. 인류세란 '사람의 시대' 라는 뜻입니다.

31

지난 천년 동안 사람은 '자연'이라고 부르는 강력한 힘에 대항해왔습니다.

19세기와 20세기에 이룩한 신기술 개발, 화학연료 사용, 급속한 인구 증가는 지구계를 크게 바꾸었습니다.

사람이 자연을 지배합니다. 기후, 환경, 심지어 DNA까지 말입니다.

너무 익은 과일

시듦 방지 유전자

오랫동안 싱싱한 과일

이제 사람은 더는 자연 서식지인 생물군계에서 살지 않습니다.

인간이 만든 문화경관인 인간군계에서 삽니다.

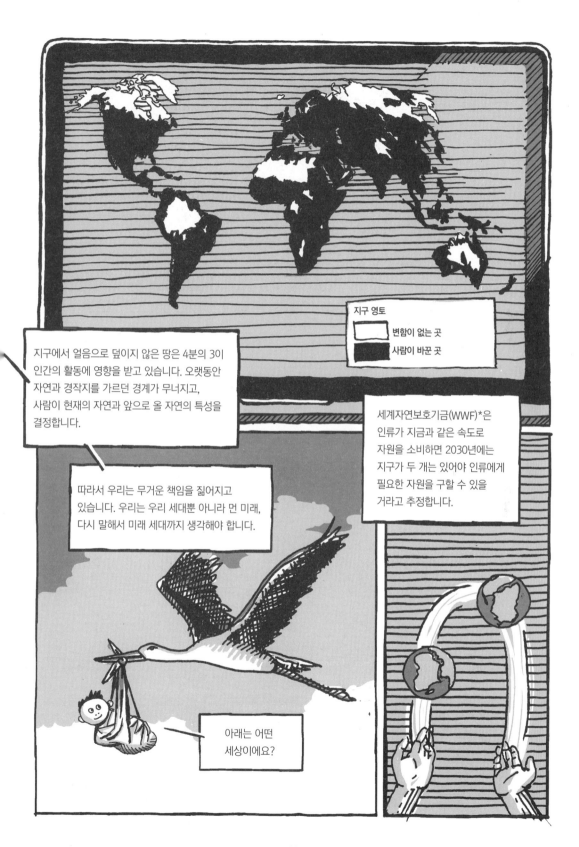

지구 영토

□ 변함이 없는 곳

■ 사람이 바꾼 곳

지구에서 얼음으로 덮이지 않은 땅은 4분의 3이 인간의 활동에 영향을 받고 있습니다. 오랫동안 자연과 경작지를 가르던 경계가 무너지고, 사람이 현재의 자연과 앞으로 올 자연의 특성을 결정합니다.

세계자연보호기금(WWF)*은 인류가 지금과 같은 속도로 자원을 소비하면 2030년에는 지구가 두 개는 있어야 인류에게 필요한 자원을 구할 수 있을 거라고 추정합니다.

따라서 우리는 무거운 책임을 짊어지고 있습니다. 우리는 우리 세대뿐 아니라 먼 미래, 다시 말해서 미래 세대까지 생각해야 합니다.

아래는 어떤 세상이에요?

34

삼림을 파괴하고 지나치게 많은 가축을 방목해
기르면서 경작지를 넓혀가는 동안 토양의
질은 나빠졌습니다. 침식 때문에 해마다
2400만 톤(t)에 달하는 지표면이 사라집니다.
스위스만 한 땅이 없어지는 것입니다.
한번 사라진 땅은 되돌릴 수 없습니다.

토지를 계속해서 함부로 사용하면
사막화*와 염류화*가 진행됩니다.
중국에서 그 사실을 분명하게
확인할 수 있습니다. 베이징에는
1년에 여러 차례 북쪽 사막에서
모래 폭풍이 불어옵니다. 모래
폭풍이 불 때는 도시 전체에
사이렌이 울리는데, 황사 바람이
호흡기에 문제를 일으키기
때문입니다.

너무나도 많은 땅이 황폐해져서 중국 정부는 1970년에 다시 숲을
조성한다는 목표를 세우고 대규모 국가사업을 시작했습니다.

현재 중국에서는 모두 13개 지방에서 거의 4500km에 달하는 길이로 숲을 조성하고
있습니다. 앞으로 80여 년 동안 3500만 헥타르(ha)에 달하는 숲을 만들 것입니다.
거의 독일 면적에 맞먹는 크기입니다.

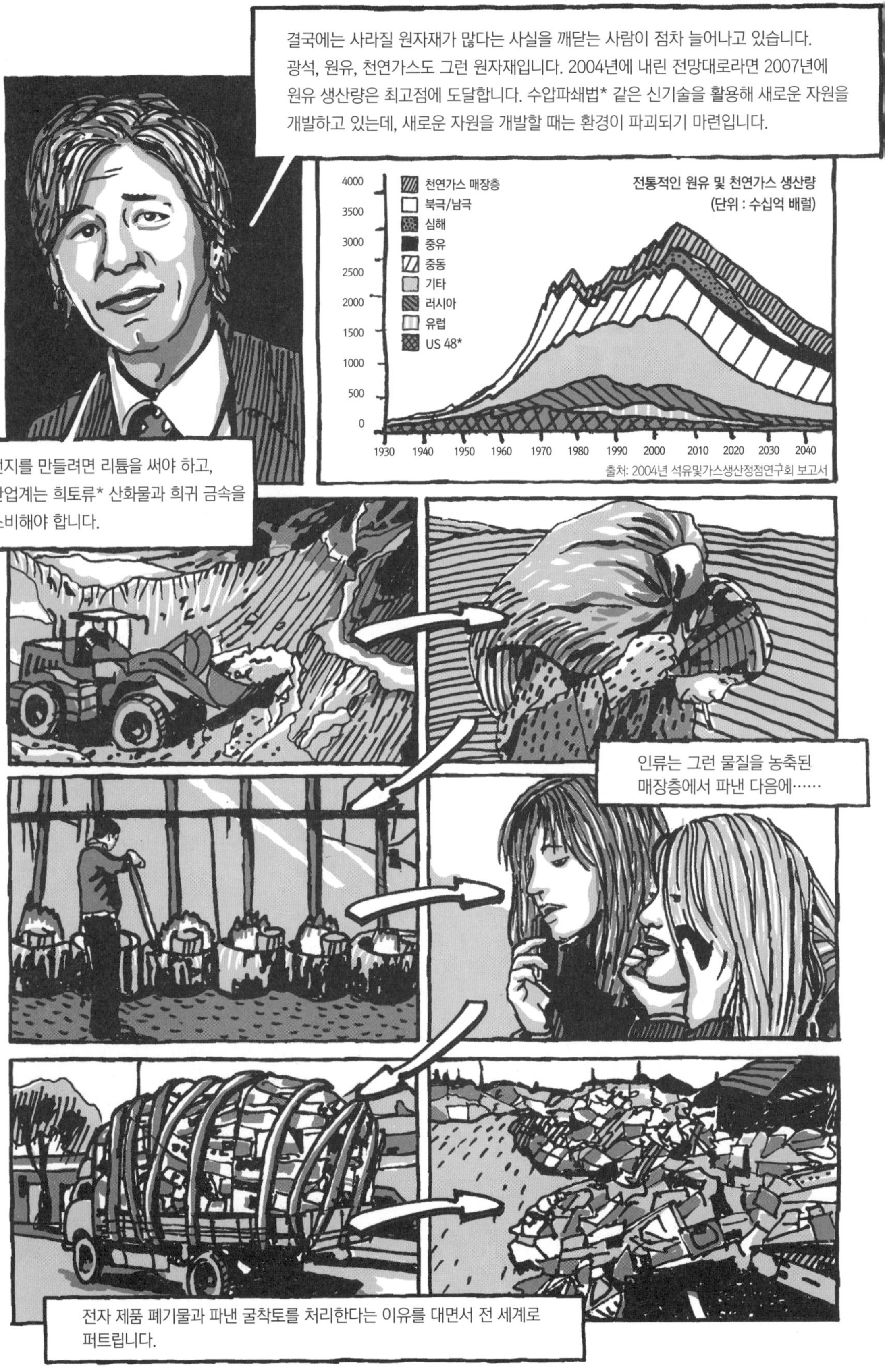

결국에는 사라질 원자재가 많다는 사실을 깨닫는 사람이 점차 늘어나고 있습니다. 광석, 원유, 천연가스도 그런 원자재입니다. 2004년에 내린 전망대로라면 2007년에 원유 생산량은 최고점에 도달합니다. 수압파쇄법* 같은 신기술을 활용해 새로운 자원을 개발하고 있는데, 새로운 자원을 개발할 때는 환경이 파괴되기 마련입니다.

전통적인 원유 및 천연가스 생산량
(단위 : 수십억 배럴)

천연가스 매장층
북극/남극
심해
중유
중동
기타
러시아
유럽
US 48*

출처: 2004년 석유및가스생산정점연구회 보고서

전지를 만들려면 리튬을 써야 하고, 산업계는 희토류* 산화물과 희귀 금속을 소비해야 합니다.

인류는 그런 물질을 농축된 매장층에서 파낸 다음에……

전자 제품 폐기물과 파낸 굴착토를 처리한다는 이유를 대면서 전 세계로 퍼트립니다.

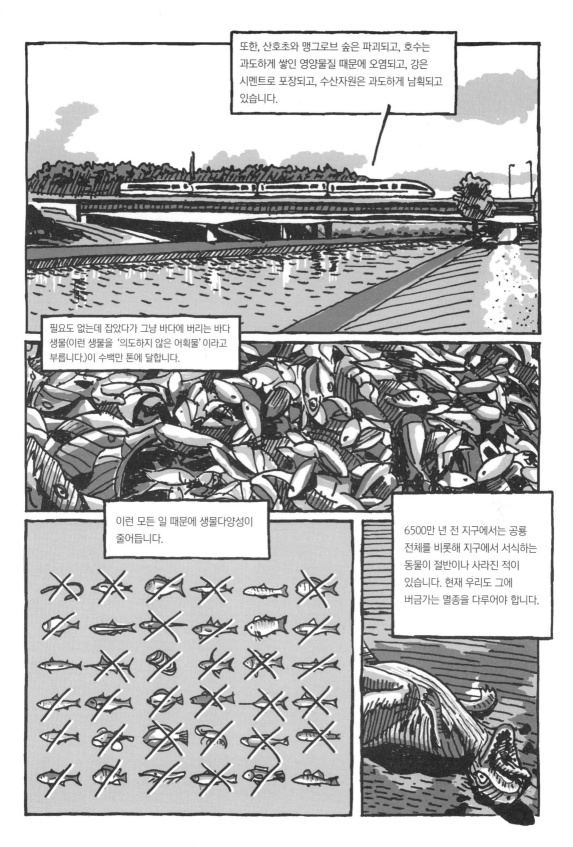

또한, 산호초와 맹그로브 숲은 파괴되고, 호수는 과도하게 쌓인 영양물질 때문에 오염되고, 강은 시멘트로 포장되고, 수산자원은 과도하게 남획되고 있습니다.

필요도 없는데 잡았다가 그냥 바다에 버리는 바다 생물(이런 생물을 '의도하지 않은 어획물'이라고 부릅니다.)이 수백만 톤에 달합니다.

이런 모든 일 때문에 생물다양성이 줄어듭니다.

6500만 년 전 지구에서는 공룡 전체를 비롯해 지구에서 서식하는 동물이 절반이나 사라진 적이 있습니다. 현재 우리도 그에 버금가는 멸종을 다루어야 합니다.

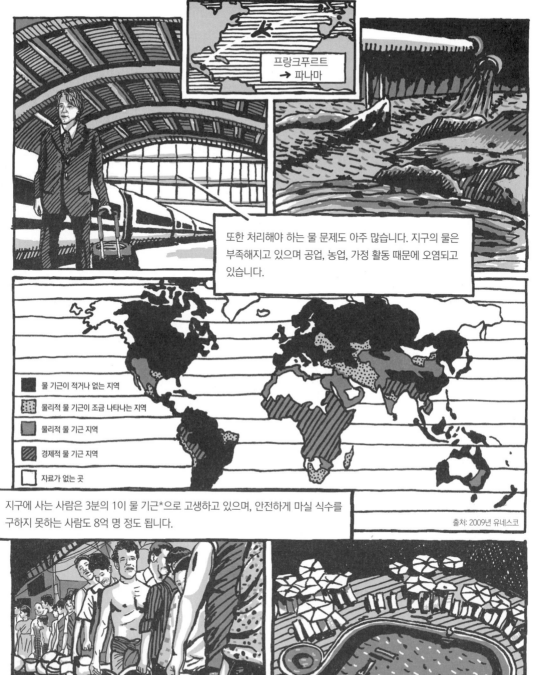

프랑크푸르트
➡ 파나마

또한 처리해야 하는 물 문제도 아주 많습니다. 지구의 물은 부족해지고 있으며 공업, 농업, 가정 활동 때문에 오염되고 있습니다.

■ 물 기근이 적거나 없는 지역

▨ 물리적 물 기근이 조금 나타나는 지역

■ 물리적 물 기근 지역

▨ 경제적 물 기근 지역

□ 자료가 없는 곳

지구에 사는 사람은 3분의 1이 물 기근*으로 고생하고 있으며, 안전하게 마실 식수를 구하지 못하는 사람도 8억 명 정도 됩니다.

출처: 2009년 유네스코

어떤 지역에서는 수영을 즐길 정도로 물이 풍부한데도 말입니다.

죽음의 지역이 형성되는 과정

열

담수

해수

산소

살아있는 유기체

바닷물이 따뜻해지면 대류가 일어나지 않고 안정되어, 대기 속 산소가 바다 깊은 곳으로 이동할 수 없습니다. 강에서 바다로 따뜻한 담수가 흘러들면 그런 상황은 더욱 심화합니다.

적조 현상

담수

해수

죽은 해조류

비료와 하수에 든 질소와 인 때문에 해조류가 급성장합니다. 죽은 해조류는 바다 밑으로 가라앉아 썩는데, 해조류가 썩을 때는 산소를 소비합니다.

죽은 물고기

담수

산소가 부족한 해수

죽음의 지역

산소가 완전히 사라지면 물고기와 미생물이 대량으로 죽는 죽음의 지역이 생깁니다.

유럽에 존재하는 죽음의 지역

식량 생산에 꼭 필요한 질소비료와 인산염은 생태계에 커다란 지장을 초래합니다. 비료와 인산염은 사용한 양의 절반 정도가 해양으로 흘러들어 산소가 부족한 죽음의 지역을 만듭니다. 죽음의 지역에서는 생명체가 살 수 없습니다. 발트 해 밑에도 거대한 바다 사막이 있습니다.

지구에서 일어나는 환경 변화는 상호작용을 하면서 서로를 강화하거나 약하게 합니다. 그런데 약화하는 경우보다 강화하는 경우가 훨씬 많습니다. 그 때문에 지구 생태계는 이전으로는 돌아갈 수 없는 상태로 갑작스럽게 변하기도 합니다.

출처: 2008년 미항공우주국 지구관측소

파나마 보카스델토로

출처: 2007년 《타임스 아틀라스》

39

오랫동안 산호초에는 눈에 띄는 큰 변화가 없었습니다. 하지만 너무 많은 요인이 오랫동안 함께 작용하면 결국 전환점을 뛰어넘습니다. 전환점을 넘어가면 산호초의 생명에 위협을 가하는 변화가 생기고, 결국 사람은 더는 산호초에 영향을 미치지 못하게 됩니다.

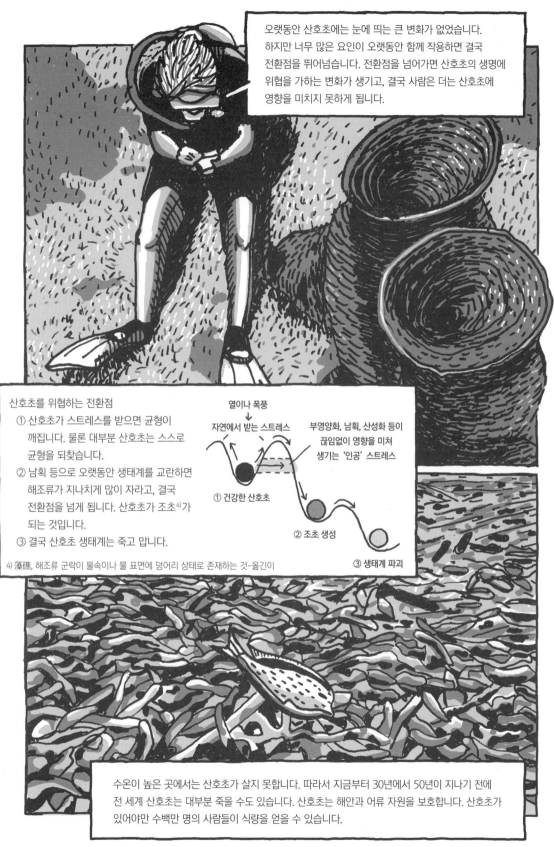

산호초를 위협하는 전환점
① 산호초가 스트레스를 받으면 균형이 깨집니다. 물론 대부분 산호초는 스스로 균형을 되찾습니다.
② 남획 등으로 오랫동안 생태계를 교란하면 해조류가 지나치게 많이 자라고, 결국 전환점을 넘게 됩니다. 산호초가 조초[4]가 되는 것입니다.
③ 결국 산호초 생태계는 죽고 맙니다.

열이나 폭풍
자연에서 받는 스트레스
부영양화, 남획, 산성화 등이 끊임없이 영향을 미쳐 생기는 '인공' 스트레스
① 건강한 산호초
② 조초 생성
③ 생태계 파괴

4) 藻礁, 해조류 군락이 물속이나 물 표면에 덩어리 상태로 존재하는 것-옮긴이

수온이 높은 곳에서는 산호초가 살지 못합니다. 따라서 지금부터 30년에서 50년이 지나기 전에 전 세계 산호초는 대부분 죽을 수도 있습니다. 산호초는 해안과 어류 자원을 보호합니다. 산호초가 있어야만 수백만 명의 사람들이 식량을 얻을 수 있습니다.

3장

뜨거운 감자 : 기후변화

슈테판 람슈토르프는 포츠담대학교 해양물리학과 교수이며 포츠담기후영향연구소 지구계분석부 부장입니다. 슈테판은 대양이 기후변화에 미치는 영향을 집중적으로 연구합니다.

해양관측선 스탠리 R. 리그스 호는 지금 미국 노스캐롤라이나 낵스헤드(Nag's Head) 근처에 있습니다. 아우터 뱅크스의 로어노크 해협에 말입니다.

낵스헤드

태평양

노스캐롤라이나

대서양

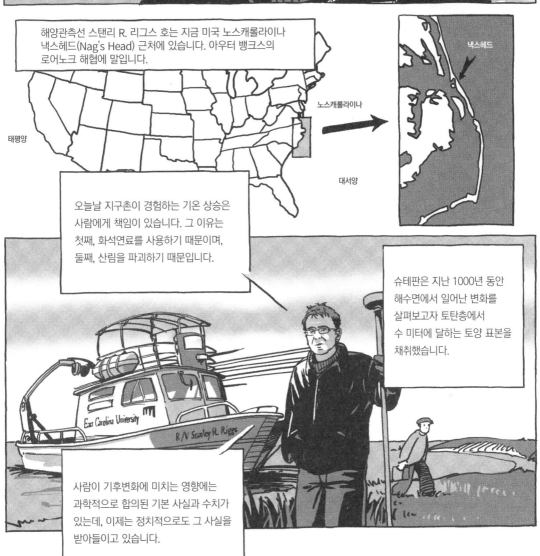

오늘날 지구촌이 경험하는 기온 상승은 사람에게 책임이 있습니다. 그 이유는 첫째, 화석연료를 사용하기 때문이며, 둘째, 산림을 파괴하기 때문입니다.

슈테판은 지난 1000년 동안 해수면에서 일어난 변화를 살펴보고자 토탄층에서 수 미터에 달하는 토양 표본을 채취했습니다.

사람이 기후변화에 미치는 영향에는 과학적으로 합의된 기본 사실과 수치가 있는데, 이제는 정치적으로도 그 사실을 받아들이고 있습니다.

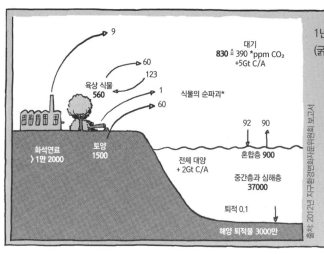

출처: 2012년 지구환경변화전문위원회 보고서

1년간 탄소(C)의 흐름 : 단위 Gt(기가톤, 1Gt=10억t)
(굵은 글씨: Gt에 저장된 탄소 총량)

사람이 간섭하지 않으면 탄소순환은 평형을 이룹니다. 그러나 사람이 화석연료를 사용하면 해마다 대기 속 탄소의 총량은 5Gt씩 증가합니다.

대기 속 이산화탄소의 농도는 1850년경부터 급격하게 증가해, 280ppm(따듯한 간빙기에 나타나는 전형적인 이산화탄소 농도)이었던 농도가 지금은 390ppm(백만분율*)을 넘었습니다. 이산화탄소는 복사 강제력[5]이 높은 기체입니다. 대기 속 이산화탄소의 농도가 높을수록 지표면 온도는 올라갑니다. 대기 속 이산화탄소의 농도가 두 배로 짙어지면 지구의 평균 기온은 2℃에서 4℃ 정도 높아집니다.

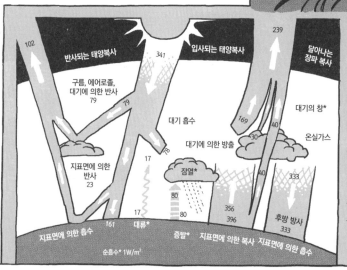

지구에서 에너지의 흐름과 온실가스 효과(단위 : watts/m²)

햇빛이 지구를 비춥니다. 햇빛은 3분의 1이 반사되고, 나머지는 대기와 지표면에서 열로 바뀝니다. 지구가 가진 열을 없애려면 우주로 복사열을 방출해야 합니다. 하지만 온실가스는 장파인 복사열이 대기를 통과하지 못하게 막습니다. 온실가스는 지표면에서 올라간 많은 열을 흡수해 다시 지표면으로 돌려보냅니다.

자료 : 2007년 국제연합 정부간기후변화협의체

5) 화학물질이 대기 온도를 높이는 정도-옮긴이

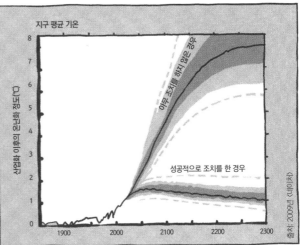

지구 평균 기온

상온화 이후의 온난화 정도(℃)

아무 조치를 하지 않은 경우

성공적으로 조치를 한 경우

출처: 2009년 《네이처》

우리가 빨리 살아가는 방식을 바꾸지 않는다면 앞으로 100년 안에 지구의 평균 기온은 4℃에서 7℃ 정도 증가할 것입니다.

단호하게 기후를 보호하는 조치를 하면 기후가 2℃ 상승하는 것으로 끝날 수 있습니다. 문제는 지금 당장 행동에 나서야 한다는 것입니다.

홍적세에 얼음에 덮였던 지역

가장 최근에 있었던 대규모 온난화 작용은 1만 5000여 년 전에 끝난 마지막 빙하기 말에 있었습니다. 5000년 동안 지구는 거의 5℃가량 기온이 상승했습니다. 사람 때문에 생기는 온난화는 한계가 없으므로 아주 짧은 기간에도 그 정도로 기온이 상승할 수 있습니다. 더구나 지금은 이미 따뜻해진 상태에서 온난화가 시작되었습니다.

위성항법장치(GPS)와 레이저를 이용하면 한 지역의 좌표와 고도를 정확하게 알 수 있습니다.

우리가 배출하는 온실가스가 기후에 영향을 미친다는 증거는 수십 년 동안 진행한 과학 연구와 조사에 기반을 두고 있습니다. 따라서 갑자기 새로운 사실이 나타나 기존 증거를 뒤집는 일은 거의 있을 수 없습니다.

지구의 기후는 비교적 예측하기 쉽습니다. 하지만 온난화가 빙하나 해수면, 식물에 미치는 영향은 훨씬 예측하기 어렵습니다.

온난화 정도는 지역마다 다르지만, 21세기가 끝나기 전까지 평균적으로 4℃가량 오를 것으로 추정합니다. 대륙과 극지방이 가장 크게 영향을 받습니다.

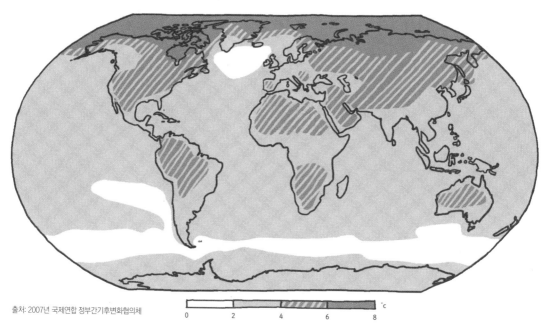

출처: 2007년 국제연합 정부간기후변화협의체

슈테판은 석호에서 침전물 코어를 채취하려고 배에 오릅니다.

전환요소(혹은 전환영역)*는 인류의 삶을 더욱 어렵게 합니다. 특히 변화에 민감하게 반응해 자신이 속한 계에서 자기 강화 요소로 작용하는 특정 지역이나 과정이 있습니다. 반사율이 아주 높은 얼음 표면이 녹으면 투명했던 얼음 대신 짙은 색깔의 바닷물이 차지하는 표면적이 늘어납니다. 그렇게 되면 태양열을 더 많이 흡수하고 결국 얼음이 녹는 속도가 빨라집니다.

여름철에 북극해를 덮어야 할 얼음이 이미 절반이나 사라졌다는 것은 그저 한 예일 뿐입니다.

1979년과 2012년의 북극해 얼음 비교

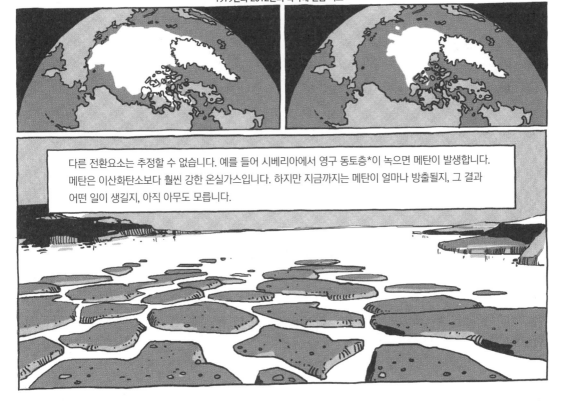

다른 전환요소는 추정할 수 없습니다. 예를 들어 시베리아에서 영구 동토층*이 녹으면 메탄이 발생합니다. 메탄은 이산화탄소보다 훨씬 강한 온실가스입니다. 하지만 지금까지는 메탄이 얼마나 방출될지, 그 결과 어떤 일이 생길지, 아직 아무도 모릅니다.

현재 세계 곳곳에서 빙하가 빠른 속도로 사라지고 있습니다.

뉴질랜드에 있는 뮐러(Mueller) 빙하입니다. 굵은 선은 100년 전에 빙하가 넓게 퍼져 있던 지역입니다.

해변에 있는 염생습지에 쌓인 토탄을 살펴보면 해수면의 변화를 알 수 있습니다.

그런데 기후변화가 일으키는 결과들이 생각보다 빨리 나타나고 있습니다. 예를 들어 해수면 상승에 영향을 미치는 해빙(海氷)과 빙상(氷床)도 예상했던 속도보다 훨씬 빨리 녹고 있습니다.

슈테판의 동료가 토탄 코어 표본을 물 밖으로 끌어내고 있습니다.

홍수로 위협받는 해안가 삼각주 지역

출처: 2007년 국제연합 정부간기후변화협의체

- 라인 강
- 미시시피 강
- 세보우 강
- 물루야 강
- 샤트알아랍 강
- 갠지스
- 브라마푸트라 강
- 양쯔 강
- 인더스 강
- 나일 강
- 마하나디 강
- 주장 강
- 그리할바 강
- 세네갈 강
- 고다바리 강
- 홍 강
- 오리노코 강
- 볼타 강
- 크리슈나 강 · 차오프라야 강
- 메콩 강
- 아마존 강
- 나이저 강
- 마하캄 강
- 상프란시스쿠 강

극단적으로 위험 ●
심각하게 위험 ○
어느 정도 위험 ·

현재 많은 대도시가 강어귀에 있습니다. 이런 도시들은 해수면이 상승하면 심각한 문제가 생길 수밖에 없습니다.

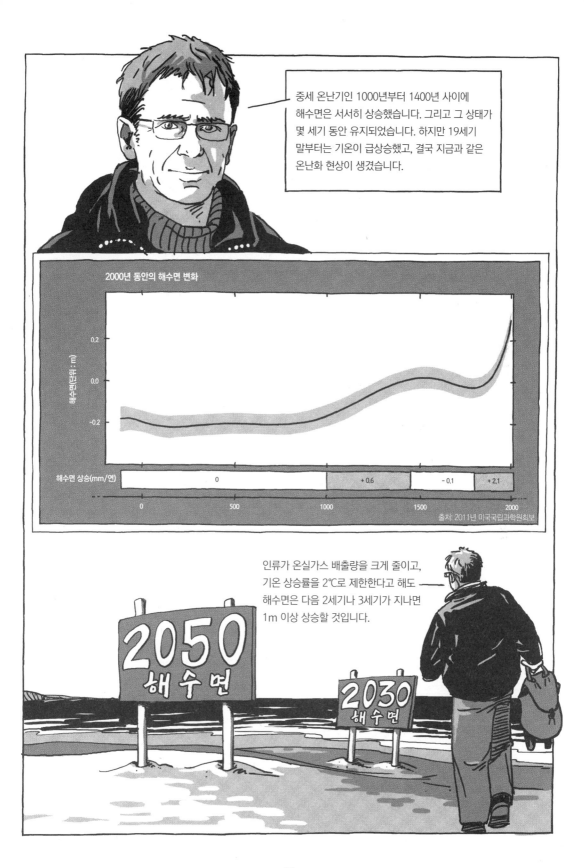

중세 온난기인 1000년부터 1400년 사이에
해수면은 서서히 상승했습니다. 그리고 그 상태가
몇 세기 동안 유지되었습니다. 하지만 19세기
말부터는 기온이 급상승했고, 결국 지금과 같은
온난화 현상이 생겼습니다.

2000년 동안의 해수면 변화

해수면(단위 : m)

0.2

0.0

-0.2

해수면 상승(mm/연) | 0 | + 0.6 | - 0.1 | + 2.1

0   500   1000   1500   2000

출처: 2011년 미국국립과학원회보

인류가 온실가스 배출량을 크게 줄이고,
기온 상승률을 2°C로 제한한다고 해도
해수면은 다음 2세기나 3세기가 지나면
1m 이상 상승할 것입니다.

2050
해수면

2030
해수면

해수면이 상승하면 해변에 있는 도시와 저지대에 있는 섬은
위험해집니다. 2012년에 뉴욕을 강타한 샌디(Sandy) 같은 허리케인은
문제를 더욱 심각하게 합니다. 허리케인이 불면 도로와 지하철이
침수되고 전선이 끊어지는데, 해수면이 상승하면 허리케인이 불 때
더욱 심각한 홍수가 발생하므로 훨씬 더 큰 피해가 생깁니다.

또한, 극한기상 현상도 증가합니다.
세계적으로 홍수나 가뭄, 산불이
발생하는 횟수가 늘어납니다.

슈테판은 낵스헤드에서 열리는
해안 보호 워크숍에 가고 있습니다.

그리고 당연히 물 공급과 식량 안보에도
문제가 생깁니다. 모형과 데이터를 분석한
결과대로라면 해수면의 기온이 상승하면
허리케인의 발생 빈도와 강도도 증가합니다.

2012년 스페인에서 발생한 산불

2012년 러시아 남부에서 발생한 홍수

2012년 미국에서 발생한 극단적인 가뭄

2005년 미국을 강타한 허리케인
카트리나(Katarina)

수면이
상승하고 있어요!

낵스헤드

기온이 따뜻해진다고 해서 반드시 전 세계 농업 생산량이 줄어드는 것은 아닙니다. 하지만 물이 부족해지고 극한기상이 발생할 수 있으므로 가난하고 더운 나라에서는 농산물 수확량이 많이 줄어들 수 있습니다.

안데스 산에 있는 빙하가 리마 시에 물을 공급합니다. 현재 리마 시의 인구는 증가하고 있고, 빙하는 녹고 있는데, 그런 상황을 바꿀 수 있는 사람은 아무도 없습니다.

높은 산에 있는 빙하가 사라지면 리마 같은 큰 도시는 물이 부족해집니다.

오늘 아침 9시, 이해관계자 해수면 워크숍

2012년 베네치아

기후가 극단적으로 변했을 때 어떤 결과가 생길지를 정확하게 예측하기란 쉽지 않습니다. 정말 깜짝 놀랄 일이 생길 수도 있습니다.

현재 해수면은 10년에 3cm 속도로 상승하고 있습니다. 그러나 온난화 현상이 지속되면 상승 속도는 빨라질 것입니다. 왜냐하면 따뜻할수록 빙하가 빨리 녹기 때문입니다. 어쩌면 10년에 10cm씩 높아질 수도 있습니다. 그렇게 되면 인류는 해수면 상승에 훨씬 적응하기 어렵게 됩니다.

이산화탄소는 잔류 기간이 길어서 대기에 쌓입니다. 결국 온난화가 진행되는 것을 막는 방법은 다른 에너지자원을 쓰는 것뿐입니다.

2012년에 낵스헤드에서 열린 이해관계자 워크숍에서 슈테판이 환경 정책을 결정하는 의원들과 기후변화와 해안선 보호를 담당하는 환경 및 여러 기관의 관계자들을 만나 이야기를 나누었습니다.

4장

우리가 그렇게까지
바보는 아니다
: 과거에서 배우다

디르크 메스너는 본에 있는 독일개발연구소(DIE)*
소장이고 뒤스부르크에 있는 지구협력연구
고등연구센터*의 공동소장이자
지구환경변화자문위원회 부회장입니다.

디르크의 운전기사가 디르크를 독일개발연구소까지
데려다줍니다.

아, 잊지 말게.
오늘 새 차가 올 걸세.

저런, 그거 전기 자동차는
아니겠죠? 말씀드렸다시피 전
전기 자동차는 못 몹니다.

2007년부터 디르크는 독일개발연구소 국제협동관리학교[6]에서
8개의 신흥국가*에서 온 과학자와 실무자들을 가르치고 있습니다.

이산화탄소가 더는 증가하지 않게 하려면 반드시
온실가스를 배출하지 않는 지구촌 경제개발을 이룩해야
합니다. 특히 에너지 공급, 도시화, 토지 사용 같은
분야에서 말입니다.

6) The Global Governance School

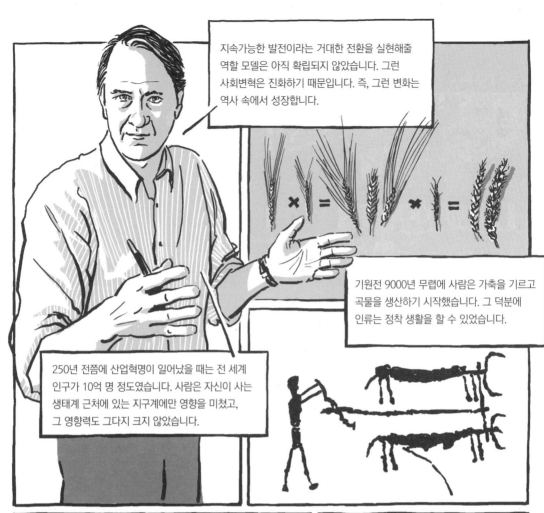

지속가능한 발전이라는 거대한 전환을 실현해줄 역할 모델은 아직 확립되지 않았습니다. 그런 사회변혁은 진화하기 때문입니다. 즉, 그런 변화는 역사 속에서 성장합니다.

기원전 9000년 무렵에 사람은 가축을 기르고 곡물을 생산하기 시작했습니다. 그 덕분에 인류는 정착 생활을 할 수 있었습니다.

250년 전쯤에 산업혁명이 일어났을 때는 전 세계 인구가 10억 명 정도였습니다. 사람은 자신이 사는 생태계 근처에 있는 지구계에만 영향을 미쳤고, 그 영향력도 그다지 크지 않았습니다.

1887년경 핀란드에서는 화전 농업을 했습니다. 그 무렵 사람은 자연이 충분히 감당할 수 있을 정도로만 지구계에 영향을 미쳤습니다.

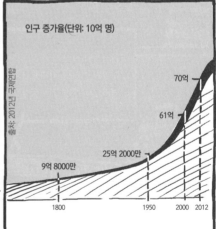

인구 증가율(단위: 10억 명)

출처: 2012년 국제연합

70억

61억

25억 2000만

9억 8000만

1800   1950   2000 2012

오늘날 사람은 지구계의 지질작용에 어마어마한 영향력을 행사합니다.

세계경제는 급격하게 변하고 있습니다. 1989년에 중산층은 전 세계적으로 13억 명 정도였고, 그중 80%는 선진국에 살았습니다. 2030년이 되면 전 세계 중산층은 50억 명 정도가 될 테고, 그중 80%가 개발도상국과 신흥국가에 살 것입니다.

신흥국가의 회복
각 지역이 차지하는 세계경제 지분(단위 : 백분율)

나머지 지역

중동

미국

일본

러시아

인도

서유럽

중국

예측

출처: 2008년 〈디 차이트〉

지속가능한 발전이라는 거대한 전환이 일어나지 않고 지금과 같은 경제성장을 계속한다면, 결국 자연이 생명을 유지하는 능력은 떨어집니다.

관 정 의 변 화

언제나 지속가능한 발전으로 향하는 생활양식을 '발견'하려는 노력은 17세기에 있었던 계몽주의의 도래에 비견할 수 있습니다. 지속가능한 발전으로 나아가는 생활양식과 계몽주의는 모두 미래 사회에 대대적인 재조직 작업을 요구하기 때문입니다.

57

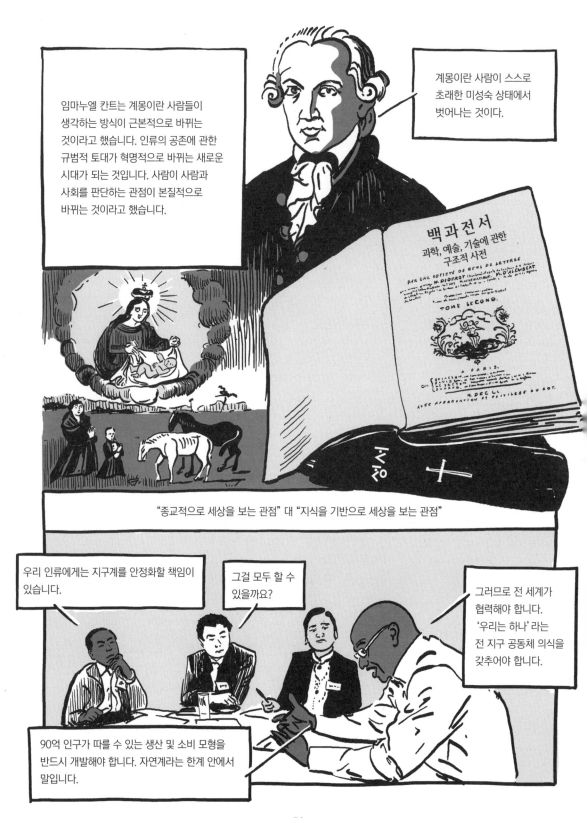

임마누엘 칸트는 계몽이란 사람들이 생각하는 방식이 근본적으로 바뀌는 것이라고 했습니다. 인류의 공존에 관한 규범적 토대가 혁명적으로 바뀌는 새로운 시대가 되는 것입니다. 사람이 사람과 사회를 판단하는 관점이 본질적으로 바뀌는 것이라고 했습니다.

계몽이란 사람이 스스로 초래한 미성숙 상태에서 벗어나는 것이다.

백과전서
과학, 예술, 기술에 관한 구조적 사전

"종교적으로 세상을 보는 관점" 대 "지식을 기반으로 세상을 보는 관점"

우리 인류에게는 지구계를 안정화할 책임이 있습니다.

그걸 모두 할 수 있을까요?

그러므로 전 세계가 협력해야 합니다. '우리는 하나'라는 전 지구 공동체 의식을 갖추어야 합니다.

90억 인구가 따를 수 있는 생산 및 소비 모형을 반드시 개발해야 합니다. 자연계라는 한계 안에서 말입니다.

계몽주의 사상가들은 '사람'에게는 뺏길 수 없는 권리가 있다고 했습니다. 그러나 많은 계몽주의 사상가에게 노예는 '사람'이 아니었습니다.

인디고 색소 제조법

데이비드 흄(1711~1776년)

드니 디드로(1713~1784년)

몽테스키외(1689~1755년)

볼테르(1694~1778년)

많은 계몽주의 사상가가 놀라울 정도로 미래 지향적인 사고와 통찰력을 지녔습니다. 하지만 그들도 결국 계몽주의 시대에 살았던 어린애일 뿐입니다. 노예제는 그런 모순을 보여주는 예입니다.

장 자크 루소(1712~1778년)

임마누엘 칸트(1724~1804년)

1787년에 선포된 미국 헌법은 '우리는 사람이다(we the people)'라는 유명한 문구로 시작합니다. 그러나 그 뒤로도 80년 동안 노예제는 미국에서 사라지지 않았고……

그 때문에 결국 남북전쟁(1861~1865년)이 발발합니다.

2012년 리우데자네이루

지적인 철학 사상이 실제 사회를 변화시키려면 곳곳에 장애물이 있는 길고 험한 길을 걸어야 합니다. 진보가 평탄한 길을 걸은 예는 역사적으로 알려진 바가 없습니다.

이런 관점에서 볼 때 지속가능성이라는 패러다임은 정말 놀라운 경력을 쌓아왔습니다. 물론 리우데자네이루에서 열린 '지속가능한 발전을 위한 국제연합 회의'*는 실패라고 할 수 있지만 말입니다.

리우 +20

지속가능한 발전을 위한 국제연합 회의

리우 −20

1992년에 열린 제1회 '지구정상회담'*에서 바뀐 것은 하나도 없습니다. 최종 선언문에는 거대한 전환을 위한 새로운 원동력이 될 만한 내용이 하나도 없으며, 회의에 상정했던 문제 가운데 정말로 힘써 고민한 문제는 단 한 건도 없었습니다. '리우 +20 회의'가 아니라 '리우 −20 회의'라고 해야 할 지경이었습니다.

하지만 민간 부문과 시민사회단체 소속 과학자들은 미국, 벨기에, 독일, 인도, 중국에서 온 정치 지도자보다 훨씬 뛰어나고 성숙했습니다.

독일에서 실시하는 에너지전환* 정책이 성공하면 다른 나라들이 따를 수도 있어요.

그 같은 사실은 리우데자네이루 회의에서 확연하게 드러났습니다. 지속가능한 발전을 위한 변화는 나중에 하게 될 과제가 아닙니다. 이미 한창 진행하고 있는 과제입니다.

페테르 알트마이어
독일연방 환경부장관

라젠드라 쿠마르 파차우리
국제연합 정부간기후변화협의체* 의장

제니퍼 모건
세계자원연구소* 기후 및 에너지 프로그램 책임자

케냐 투르카나 호수에 설치한 풍력발전 단지

예를 들어 리우데자네이루 회의에 참가한 개발도상국 가운데 50개국이 넘는 나라에서 민간 기업과 협력해 지속가능한 에너지자원을 야심 차게 개발하고 있습니다. 가나, 방글라데시, 인도, 모로코가 그런 나라입니다.

아프리카 국가들, 세계은행, 국제보호협회* 같은 민간 재단과 기업은 아프리카 국가들이 보유한 천연자원을 보호하는 확고한 계획을 세우기로 합의했습니다. 국경을 초월한 평화공원* 프로젝트는 환경보호와 생태 관광을 추구합니다. 이 같은 해결법은 리우데자네이루 회의 때 더욱 발전했습니다.

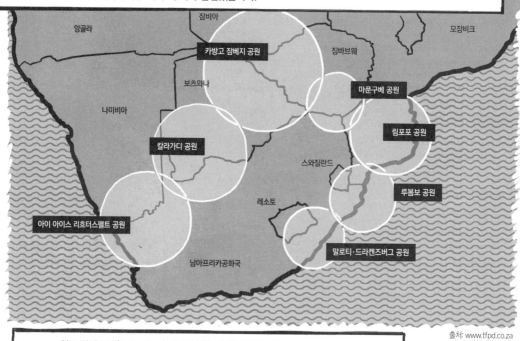

인도 라자스탄(Rajasthan) 주 아부(Ābū) 산 근처에 있는 태양에너지 단지

도시들은 서로 연합하고, 기업은 최신 환경 기술을 개발하고 있습니다.

칸데 K. 윰켈라
국제연합 공업개발기구(UNIDO) 사무국장

정치적으로 유럽연합과 미국은 서로를
견제합니다. 개발도상국과 신흥국가
사이에도 긴장이 흐릅니다.

그 때문에 국제사회를 이끄는 지도력은
사라지고 국가와 국가 간에 신뢰가 무너지면서,
국가 간 협력을 주도하고 효과적으로 혁신을
이끌고 행동에 나설 수 있는 지도력이 사라진
G0(G-zero) 시대가 되었습니다.

반갑습니다.

디르크는 중국 기후학자이자 기후 보호 분야에서 최고 전문가인 판 지아후아(Pan Jiahua)를 만났습니다.

이제 거대한 전환 과정은 전환점에 도달한 것 같습니다.

하지만 현행 성장 모형은 역사적으로 옳은 것처럼 보입니다. 현행 성장 모형을 적용한 뒤에 번영한 나라가 많아서 세상은 변화를 거부하는 것 같습니다.

하지만 지금과 같은 자원 낭비적이고 기후에 나쁜 영향을 미치는 개발 방식은 다음 세대의 미래를 보장하지 못한다는 인식도 넓게 퍼졌습니다. 화석연료를 기반으로 하는 사회가 미래에도 지속된다고 장담할 사람은 거의 없으므로 지금 상황을 바꾸어야 한다는 인식이 생겨나고 있습니다.

7) 어떤 의도로 한 일이 오히려 반대 결과를 가져오는 현상-옮긴이

5장

기술적으로는,
무엇이든 할 수 있다

위르겐 슈미트는 2012년까지 카셀에 있는 프라운호퍼 에너지시스템기술및풍력에너지연구소(IWES)* 소장이었습니다.

이곳은 보르쿰(Borkum)에서 45km 떨어진 북해에 있는 알파 벤투스(Alpha Vebtus) 풍력 터빈 실험 단지입니다.

에너지계에서 탄소를 제거하는 기술은 이미 개발했습니다. 그중에는 풍력을 이용하는 기술도 있습니다.

이곳 실험 단지에서는 150명이 넘는 과학자들이 바람과 날씨*와 파도가 풍력 터빈의 바람막이, 철탑, 회전자와 회전 날개에 미치는 영향을 연구하고, 풍력 터빈이 20년 동안 바다에서 견딜 수 있는지 알아봅니다.

멀티브리드 M 5000

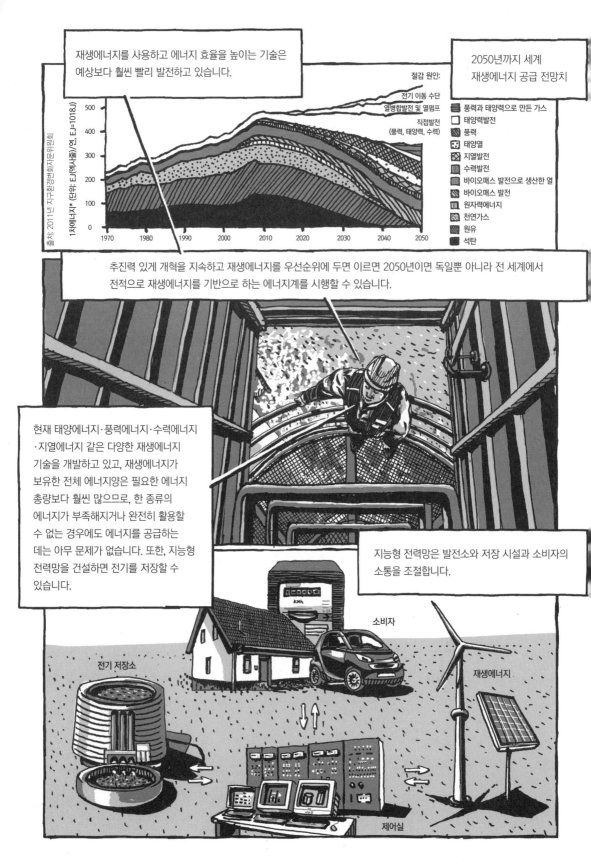

재생에너지를 사용하고 에너지 효율을 높이는 기술은 예상보다 훨씬 빨리 발전하고 있습니다.

2050년까지 세계 재생에너지 공급 전망치

절감 원인:
전기 이동 수단
열병합발전 및 열펌프
직접발전
(풍력, 태양력, 수력)

출처: 2011년 지구환경변화자문위원회

1차에너지* (단위: EJ(엑사줄)/연, EJ=1018J)

500
400
300
200
100
0

1970 1980 1990 2000 2010 2020 2030 2040 2050

풍력과 태양력으로 만든 가스
태양력발전
풍력
태양열
지열발전
수력발전
바이오매스 발전으로 생산한 열
바이오매스 발전
원자력에너지
천연가스
원유
석탄

추진력 있게 개혁을 지속하고 재생에너지를 우선순위에 두면 이르면 2050년이면 독일뿐 아니라 전 세계에서 전적으로 재생에너지를 기반으로 하는 에너지계를 시행할 수 있습니다.

현재 태양에너지·풍력에너지·수력에너지·지열에너지 같은 다양한 재생에너지 기술을 개발하고 있고, 재생에너지가 보유한 전체 에너지양은 필요한 에너지 총량보다 훨씬 많으므로, 한 종류의 에너지가 부족해지거나 완전히 활용할 수 없는 경우에도 에너지를 공급하는 데는 아무 문제가 없습니다. 또한, 지능형 전력망을 건설하면 전기를 저장할 수 있습니다.

지능형 전력망은 발전소와 저장 시설과 소비자의 소통을 조절합니다.

소비자

전기 저장소

재생에너지

제어실

전기를 저장하려면 반드시 두 가지 기술이 있어야 합니다. 하나는 양수발전소* 기술로, 양수발전소는 이미 가동하고 있습니다.

또 하나는 가스 형태로 전기를 저장하는 기술입니다. 현재 우리는 바덴뷔르템베르크(Baden-Württemberg) 태양에너지및수소연구소와 함께 가스와 전기를 결합하는 방법을 연구합니다.

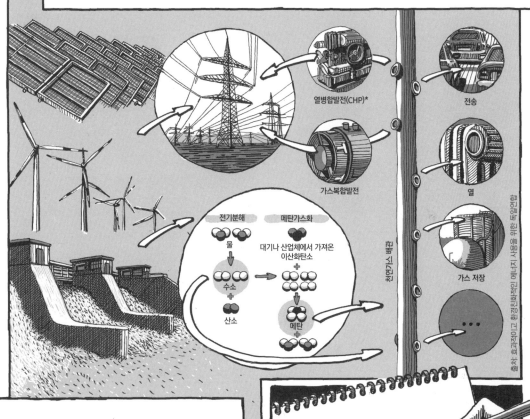

재생 자원으로 잉여 에너지를 얻고, 그 에너지로 메탄을 만들 수 있습니다. 메탄가스로는 열을 만들거나 연료로 쓰거나 천연가스 공급망에 저장할 수 있습니다. 천연가스 공급망은 이미 있습니다. 메탄은 필요할 때마다 전기로 바꿀 수도 있습니다.

$$4H_2O \rightarrow 4H_2 + 2O_2$$
$$4H_2 + CO_2 \rightarrow CH_4 + 2H_2O$$

이때 대기로 방출하는 이산화탄소는 대기에서 추출한 양과 동일하므로, 이 기술을 활용하면 이산화탄소가 발생하지 않습니다.

하지만 우리는 에너지를 아껴 써야 합니다. 다시 말해서 적은 양으로 많은 에너지를 얻도록, 에너지 효율을 높이는 데 힘써야 합니다.

건물에 단열 장치를 제대로 하면 대기로 빠져나가는 열을 줄일 수 있습니다. 손실되는 열을 줄이면 난방 에너지도 줄일 수 있습니다. 그렇게 되면 에너지 필요량이 줄어듭니다. 저탄소 에너지나 재생에너지 운반체를 사용하면 이산화탄소 배출량을 상당히 많이 줄일 수 있습니다.

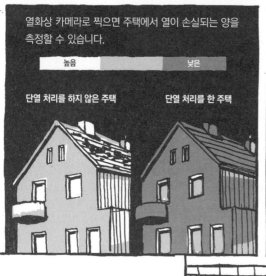

열화상 카메라로 찍으면 주택에서 열이 손실되는 양을 측정할 수 있습니다.

높음		낮은

단열 처리를 하지 않은 주택

단열 처리를 한 주택

남은 전기로 만든 메탄과 수소는 상품 생산과 장거리 수송에 이용할 수 있으며, 비행기와 배를 움직일 수 있습니다.

현대 통신 기술은 대중교통을 더욱 매력적으로 만듭니다.

버스가 2분 안에 도착합니다.

빨리 자동차 도로를 장거리 수송을 할 수 있는 철도로 바꾸어야 합니다. 특히 화물수송 철도로 바꾸어야 합니다.

초고속 철도는 비행기를 대체할 훌륭한 교통수단입니다. 애리조나에서는 이미 태양에너지만으로 움직이는 초고속 철도 건설 프로젝트를 진행하고 있습니다. 일명 태양에너지 탄환 열차(Solar Bullet Train) 프로젝트입니다.

당연히 민간 부분 교통수단도 바뀌어야 합니다. 세계 유수의 자동차 회사들은 (오래전부터) 에너지 효율이 높은 전기 자동차와 탄소 집약적이지 않은 연료를 사용하는 자동차를 개발해 왔습니다. 민간 교통 분야는 빠르게 변할 거라고 생각합니다.

세계 최초로 100% 전기로 달리는 자동차 테슬라 로드스터(Tesla Roadster)는 인기가 많습니다. 특히 할리우드 스타들이 좋아합니다.

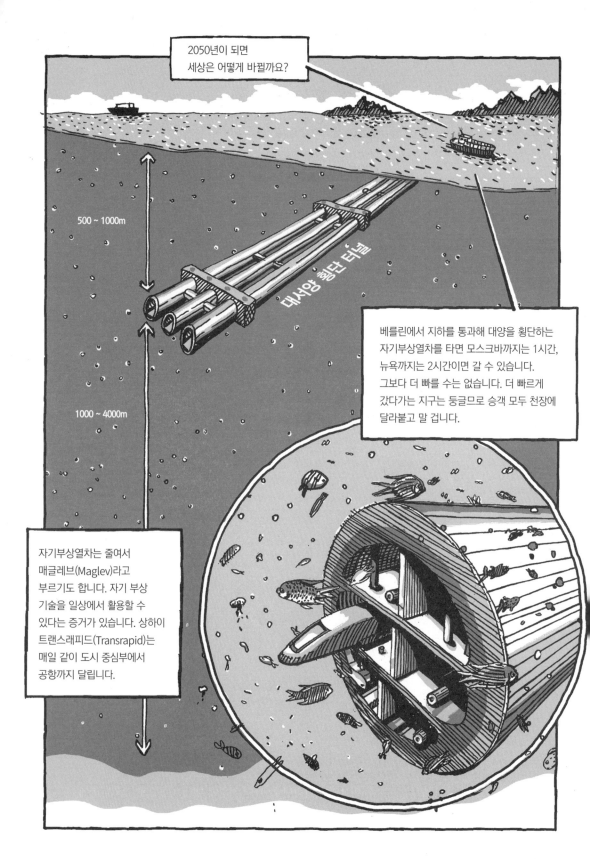

자기부상기술은 도심을 내달리는 자동차에도 적용할 수 있습니다. 자기부상기술은 자기력을 이용합니다.

자기부상도로는 에너지를 공급하고 정보를 전달합니다. 그것은 자기부상자동차는 인터넷에 연결되므로 사람이 직접 차를 운전하지 않아도 된다는 뜻입니다. 길은 자동차 스스로 찾아갈 텐데, 그렇게 되면 정말 유용할 것입니다.

집으로 갈래.

건물에서 가장 큰 문제는 판유리입니다. 창유리를 끼면 겨울에는 에너지가 달아나고 여름에는 열기 때문에 녹아내릴 수 있습니다.

이 문제는 마이크로미러 (Micromirror)로 해결할 수 있습니다. 마이크로미러는 한데 뭉치면 유리가 되고, 개별적으로 조작할 수 있으며, 터치스크린과 비슷한 방식으로 작동합니다.

마이크로미러로 만든 창유리는 기존 창유리와 다르지 않지만, 표면을 손가락으로 문지르면 어두워지고, 원하는 곳에만 빛이 들어오게 할 수도 있습니다.

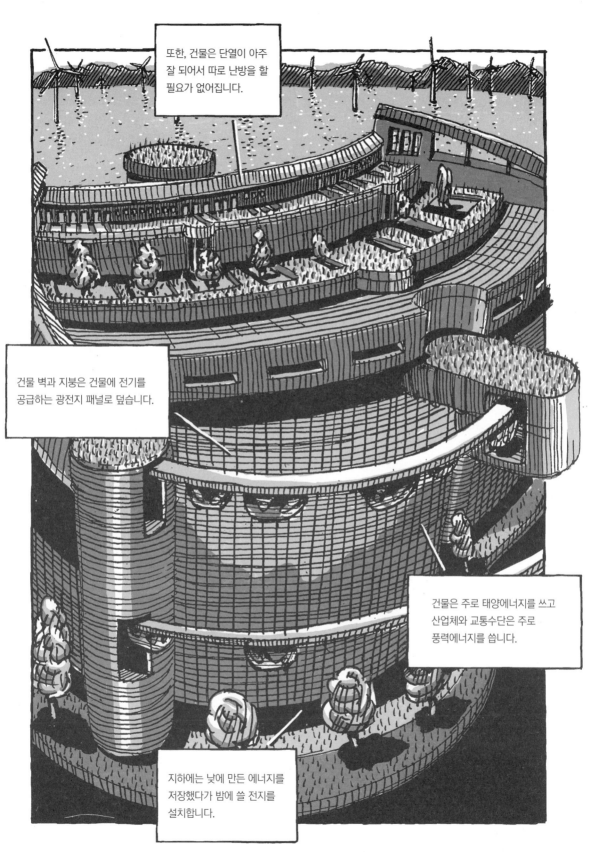

풍력 터빈도 더는 해저에 고정하지 않고 좋은 바람을 찾아 자유롭게 떠다니게 될 것입니다.

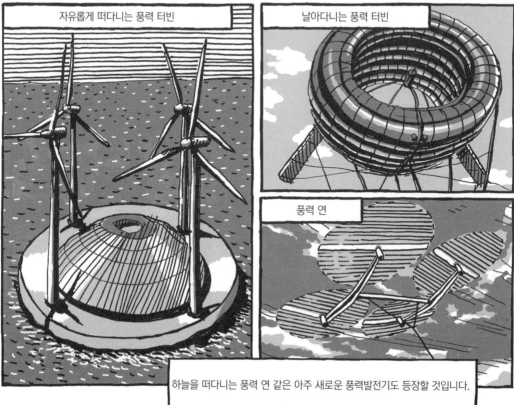

자유롭게 떠다니는 풍력 터빈

날아다니는 풍력 터빈

풍력 연

하늘을 떠다니는 풍력 연 같은 아주 새로운 풍력발전기도 등장할 것입니다.

당연히 전기통신 기술도 발전합니다. 전기통신 기술은 가장 예측하기 어려운 분야입니다. 근래 혁신이 일어나는 속도를 보면 40년은 정말 긴 시간이기 때문입니다. 분명한 것은 스마트폰이 더욱더 통신의 중심에 서리라는 점입니다.

브레머하펜(Bremerhaven) 연안 부두입니다.

사람들은 중요한 정보를 모두 휴대전화에 입력할 겁니다. 예를 들어 휴대전화로 집안에서 사용하는 전체 에너지를 조작하고 관리할 것입니다.

*연안 부두 건설과 항구 확장을 반대하는 시위자들이 플래카드를 들고 있습니다.

당연히 이 모든 일이 경제에 도움이 됩니다. 21세기 중반이 되면 수백만 명의 사람들이 새로 창출된 재생에너지 분야에서 일할 겁니다. 하지만 언제나 그렇듯이 변화에는 저항이 빠른 속도로 따라붙습니다.

6장

온 세상이 풀어야 하는 숙제

네보사 나키세노비치(나키)는 시스템분석가이자
에너지 경제학자입니다. 빈공과대학에서
강의하고, 오스트리아 락센부르크에 있는
국제응용시스템분석연구소(IIASA)* 사무차장입니다.

탄소 배출량을 줄이고 에너지 효율을
높이는 것이 전 세계가 풀어야 할 가장
큰 과제입니다. 특히 개발도상국과
신흥국가의 역할이 중요합니다.

나키는 빈공과대학교 도메트홀에서 열린 국제에너지경제회의에서
발표를 마치고……

……한 대학에서 강연합니다.

현재 15억 명에 달하는
사람들이 전기를 쓰지
못합니다.

딸깍

유럽

태양광발전을 이용하면 사하라
사막만큼 작은 지역에서 생산한
전기만 있어도 전 세계에
전기를 공급할 수 있습니다.

전 세계
독일
유럽
아프리카

출처: 그린피스

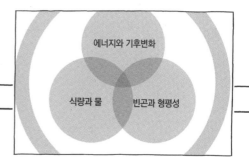

국제응용시스템분석연구소는 단일국가로서는 해결하기 어려운 문제들을 집중적으로 연구합니다. 에너지와 기후변화, 식량과 물, 빈곤과 형평성이 연구소에서 다루는 가장 중요한 세 가지 문제입니다.

에너지와 기후변화

식량과 물 / 빈곤과 형평성

장기적으로 연구한다는 목표로 될 수 있으면 많은 자료를 컴퓨터에 입력해서, 다양한 요소로 입력한 자료를 처리합니다. 그 덕분에 다양한 미래상을 그려볼 수 있었습니다.

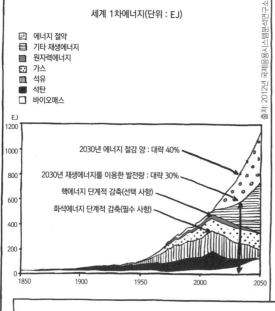

출처 : 2012년 국제응용시스템분석연구소

세계 1차에너지(단위 : EJ)

- 에너지 절약
- 기타 재생에너지
- 원자력에너지
- 가스
- 석유
- 석탄
- 바이오매스

EJ
1200
1000
800
600
400
200
0
1850   1900   1950   2000   2050

2030년 에너지 절감 양 : 대략 40%
2030년 재생에너지를 이용한 발전량 : 대략 30%
핵에너지 단계적 감축(선택 사항)
화석에너지 단계적 감축(필수 사항)

이런 방법으로 정책 입안자들이 올바른 결정을 내릴 기반을 마련할 수 있습니다.

위 도표는 반기문 국제연합 사무총장이 발기한 '모두를 위한 지속가능한 에너지'* 계획이 성공하려면 지구 에너지계가 어떻게 바뀌어야 하는지를 보여줍니다.

여기는 국제응용시스템분석연구소입니다.

중요한 세 가지 문제는 상호 의존적 요소로 이루어졌습니다.

한 가지 예를 들어봅시다. 앞으로는 점점 더 많은 사람이 도시에 몰립니다. 2050년이 되면 전체 인구의 80%가 도심지에서 살 겁니다. 흥미롭게도 출생률은 도시보다 시골 지역이 훨씬 높겠지만 말입니다. 이런 경향이 주로 나타나는 곳은 남아시아지만 아프리카와 남아메리카도 마찬가지입니다. 전기가 들어가지 않는 것은 물론이고 통제된 도시계획도, 위생 처리 시설도, 하수처리 시설도 없는 지역도 많이 생겨날 것입니다.

2012년 멕시코시티

도시화가 빠른 속도로 진행된다는 사실을 생각하면 에너지를 공급하는 방식은 분명히 완전히 바뀌어야 합니다. 에너지 공급 방식을 바꾸려면 반드시 소비를 최소로 줄이고 운송 체계를 바꾸어야 합니다. 아시아에서 이미 계획하고 있는 슈퍼그리드* 같은, 전 지구를 연결하는 에너지 연결망이 필요합니다.

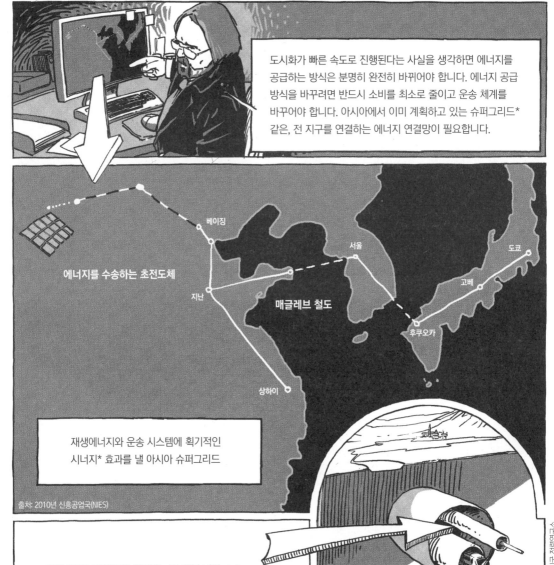

에너지를 수송하는 초전도체

베이징

서울

도쿄

고베

지난

매글레브 철도

후쿠오카

상하이

재생에너지와 운송 시스템에 획기적인
시너지* 효과를 낼 아시아 슈퍼그리드

출처: 2010년 신흥공업국(NIES)

출처: 2010년 미국 전력연구소

또한 자기부상열차가 이동하는 관 옆에 냉각 수소 가스나 메탄을 넣은 관을 함께 설치할 겁니다. 그 관에는 초전도체가 들어있어서 에너지를 수소와 전기 형태로 손실 없이 아주 먼 곳까지 보낼 수 있습니다. 전 세계가 사막에서 태양에너지를 얻을 수 있게 되는 것입니다.

유럽개발협력(European Development Cooperation)은 그저 빈곤을 줄이는 데 그치지 말고 체계적으로 저탄소 발전을 이룩할 수 있도록 노력해야 하며, 관련 기반 시설을 구축해야 합니다. 특히 가난한 개발도상국에서 말입니다. 그래야만 개발도상국도 녹색 성장을 이룩할 수 있습니다.

나키는 제1회 아프리카·유럽연합에너지협력관계* 관계자 회의에 참석하고자 남아프리카공화국 케이프타운으로 갑니다. 나키는 이산화탄소가 발생하는 교통수단을 타고 이동하므로 탄소 배출권을 구입했습니다.

시골 지역에도 최신 에너지 시설을 공급하는 일이 가장 중요합니다. 슈퍼그리드와 연결된 소규모 지역 전력망을 설치하면 시골 지역에 에너지를 공급할 수 있습니다.

전 세계 항공 노선. 위는 전 세계 500개 주요 공항을 연결하는 항공 노선도입니다.

오늘날 많은 나라에서 장작을 찾아 헤매는 사람들은 주로 여성입니다. 이제는 다른 일거리가 없어서 가난은 더욱 심해집니다.

가난한 사람들에게는 빛이 필요합니다. 공부하고 기술을 익히려면 더더욱 그렇습니다. 고체 연료로 요리하고 난방을 하는 집이 많습니다.

환기 시설을 갖추지 못한 상태로 연료를 때므로 실내 공기가 오염되고, 건강에 많은 문제가 생깁니다. 요리하면서 연기와 부유성 고형물을 들이마셔서 수명을 다하지 못하고 죽는 여성과 아이가 전 세계적으로 매년 400만 명에 달합니다.

장작을 얻으려고 산림을 훼손해서 지반이 침식되고 홍수가 발생하고, 그 때문에 결국 흉년이 듭니다. 또한 장작을 때면 이산화탄소가 발생해 온실효과도 심화됩니다. 온실효과가 심해지면 농작물이 제대로 자라지 못하고, 농작물이 제대로 자라지 않으면 가난은 더욱 깊어지고……

……가난하면 새 장비를 구입하고 설치할 돈이 없으므로 청정에너지원으로 전환할 수도 없습니다. 실제로 개발도상국 대부분이 청정에너지원으로 전환할 자금과 기술력은 보유하고 있습니다. 하지만 자본은 대부분 외국은행에 들어가고 맙니다. 또한 믿을 만한 제도가 없어서 대규모 투자를 할 만한 기본 여건을 마련할 수 없습니다.

식량 문제도 전 세계가 함께 고민해야 합니다. 부유한 선진국에 비하면 개발도상국과 신흥국가의 1인당 에너지 섭취량은 여전히 낮습니다.

그리고 식물을 기반으로 하는 음식 대신 고기와 생선을 섭취하는 비율이 점점 높아지고 있습니다. 라틴아메리카와 동아시아가 특히 그렇습니다.

세계인의 음식:
한 가족이 일주일 동안 먹는 음식

차드[8]

멕시코

독일

독일인 한 명이 해마다 버리는 음식량은 81.6kg에 달합니다.

동물을 기반으로 하는 음식 섭취량 : 매일 한 사람이 먹는 열량(단위: kcal)

예측

선진국
신흥국가
라틴아메리카와 카리브 해 지역 국가
동아시아
중동, 북아프리카 남아시아
사하라사막 이남 아프리카

출처: 2007년 〈랜싯〉

식량 1kg을 생산하는 데 필요한 토지 면적

소고기
돼지고기
닭고기
달걀
과일
감자
채소

출처: 2011년 〈생태학과 농업〉

전 세계 육류 소비량은 지난 50년 동안 네 배나 증가했습니다. 육류 1kg을 생산하려면 곡물이나 대두를 7kg에서 16kg 정도 소비해야 합니다.

8) 아프리카 중북부에 있는 공화국-옮긴이

국제연합 영양 전문가인 아르놀트 판 하위스(Arnold van Huis)는 선진국에서도 곤충을 먹어야 한다고 했습니다. 메뚜기나 귀뚜라미, 밀웜 같은 곤충을 사육하는 비용이 가축이나 생선을 얻는 비용보다 훨씬 적기 때문입니다.

우리에게 곤충을 먹는 일은 분명히 용기를 내야 할 과제입니다. 하지만 틀림없이 쉽게 적응할 수 있을 겁니다.

사람이 먹을 수 있는 곤충은 거의 1000종에 달하고, 아프리카·동남아시아·라틴아메리카의 많은 지역에서는 이미 곤충을 먹습니다. 국제연합 식량농업기구(FAO)*가 이들 국가에서 곤충을 식량으로 하는 프로젝트를 시작하려는 이유도 바로 그 때문입니다.

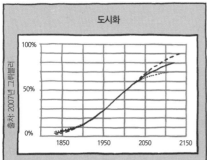

도시화

출처: 2007년 그루블러

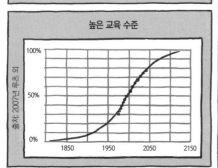

높은 교육 수준

출처: 2007년 루츠 외

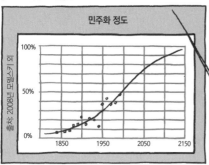

민주화 정도

출처: 2008년 모델스키 외

그런데 세계적으로 긍정적인 변화도 일어나고 있습니다.
예를 들어 환경에 대한 인식이 커지고 있고 정치도
장기적으로는 민주화를 향해 나아갑니다. 투표해야만
세상을 바꿀 수 있다는 사실을 사람들이 알아야만
지속가능한 발전을 이룩할 수 있습니다.

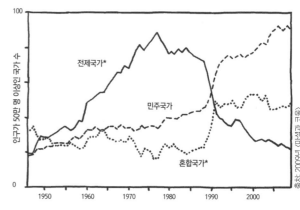

출처: 2009년 (D) 랜절라 콜리어

에너지계와 기반 시설을 새로
구축하려면 최소한 상보적인
두 가지 발전이 기술과 제도에서
있어야 합니다. 세 번째 발전은
우리의 행동과 관계가 있습니다.

새로운 기술을 개발하고 시스템을 구축하면 새로운 사업 모델과 제도적 장치를 마련할 수 있습니다. 이런 병렬적이고도 상보적인 변화를 이룩하려면 변화를 추진하는 경제와 규제와 행동이 동시에 바뀌어야 합니다.

많은 나라가 화석연료에 의존해 경제성장을 하는 시기를 넘어 즉시 혁신적인 저탄소 개발을 채택해, 지속가능한 에너지를 사용하는 미래로 나아가야 합니다.

7장

결국 대가를 치를 사람은 누구인가?

레나테 슈베르트는 정치경제학자이며 취리히에 있는 스위스연방공과대학교(ETH) 환경결정연구소* 소장입니다.

레나타는 강연장으로 가고 있습니다.

기후변화는 지구에 사는 모든 생명체에게 영향을 미칩니다. 모든 국가에도 그렇고요. 가난하거나 인구가 많은 나라는 가장 취약해서 가장 큰 고통을 받습니다. 그런 나라는 사실 기후변화에 크게 영향을 미치지 않는데도 말입니다.

하지만 극한기상 현상 때문에 들어가는 비용은 부유한 나라뿐 아니라 전 세계 모든 국가에서 감당해야 합니다.

취리히에 있는 스위스연방공과대학교 본관

2℃ 기후 보호난간을 지키는 데 드는 비용은 엄청나겠지만, 절대로 짊어질 수 없을 만큼은 아닙니다. 분명한 것은 초기에 단호하게 행동하는 것이 손 놓고 있는 것보다 비용이 적게 든다는 점입니다. 국제에너지기구*의 예측대로라면 교통과 에너지 분야에 엄청난 투자를 해야 합니다.

모의실험 결과대로라면 지금 행동하지 않으면 기후변화 때문에 치러야 하는 비용은 최소한 전 세계 연간 GDP(국내총생산)*의 5%에 달하게 됩니다. 지금부터 영원히 말입니다. 더구나 위험을 미치거나 영향을 주는 다양한 요소를 생각해보면, 필요한 비용은 GDP의 20%, 혹은 그 이상까지도 올라갈 수 있습니다.

감당해야 할 비용(단위 : 조 미국 달러)

2010~2030

2030~2050

상업

거주지

운송업

산업

전기 배급 및 교통

전기 발전

출처: 2010년 국제에너지기구

92

반대로 온실가스 배출량을 줄이면 기후변화를 막는 데 들어가는 비용은 전 세계 연간 GDP의 1% 정도로 제한할 수 있습니다.

1% 5% 20%

2011년 전 세계 GDP : 69조 미국 달러

기후가 변한다는 사실은 유럽에서도 알 수 있습니다. 예를 들어 2012년에 처음 발표한 바이에른(Bayern) 주 빙하 보고서에 따르면 앞으로 20년에서 30년 사이에 바이에른 주에 있는 5개의 빙하 가운데 4개가 사라진다고 합니다. 보고서 내용대로라면 바이에른 주 빙하의 전체 표면적은 1820년에는 4km²이었지만 지금은 0.7km²에 불과합니다.

19세기에 독일 추크슈피체(Zugspitze) 산을 덮은 빙하는 300ha(헥타르)에 달했지만, 지금은 30ha만 남았습니다.

현지 사람들은 눈을 보호하고자 노력하고 있습니다. 여름철이면 햇빛에 녹지 말라고 빙하 일부를 덮어둡니다.

2030년 추크슈피체 산

앞으로 5년 동안 바이에른 주는 에너지전환과 기후 보호에 10억 유로 이상을 투자할 것입니다. 기후변화 때문에 바이에른 알프스는 지구 평균 온도 상승률보다 두 배나 빨리 기온이 상승하고 있기 때문입니다.

바이에른 주 환경부 장관 마르켈 후버(Marcel Huber)는 2100년이 되면 평균 기온이 3℃에서 6℃ 정도 올라간다고 예상합니다.

기후변화 때문에 바이에른 알프스는 과거보다 폭우, 홍수, 산사태가 더 자주 발생할 테고, 다양했던 동식물도 위협을 받을 것입니다.

2012년에 바이에른 알프스에서 산사태가 났습니다. 산사태가 나면 진흙과 바위가 무너져 내리므로 홍수보다 훨씬 큰 피해를 남길 수 있습니다.

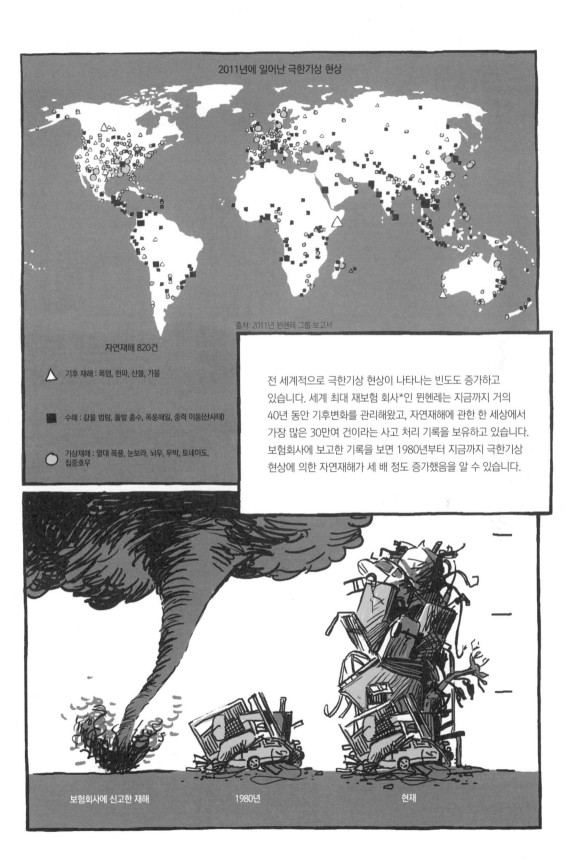

2011년에 일어난 극한기상 현상

출처: 2011년 뮌헨레 그룹 보고서

자연재해 820건

△ 기후 재해 : 폭염, 한파, 산불, 가뭄

■ 수해 : 강물 범람, 돌발 홍수, 폭풍해일, 중력 이동(산사태)

◐ 기상재해 : 열대 폭풍, 눈보라, 뇌우, 우박, 토네이도,
집중호우

전 세계적으로 극한기상 현상이 나타나는 빈도도 증가하고
있습니다. 세계 최대 재보험 회사*인 뮌헨레는 지금까지 거의
40년 동안 기후변화를 관리해왔고, 자연재해에 관한 한 세상에서
가장 많은 30만여 건이라는 사고 처리 기록을 보유하고 있습니다.
보험회사에 보고한 기록을 보면 1980년부터 지금까지 극한기상
현상에 의한 자연재해가 세 배 정도 증가했음을 알 수 있습니다.

보험회사에 신고한 재해   1980년   현재

반드시 온실가스 배출량을 줄여야 합니다. 대기 속 이산화탄소의 농도를 최대 450ppm 이하로 유지하면 지구의 기온 상승을 2℃ 정도로 제한할 수 있습니다. 그러려면 앞으로 몇 년간은 많은 투자를 해야 합니다.

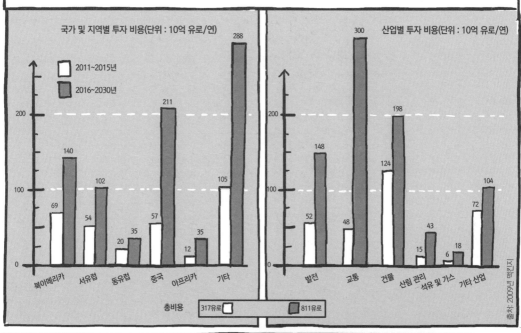

국가 및 지역별 투자 비용(단위 : 10억 유로/연)

- ☐ 2011~2015년
- ▨ 2016~2030년

북아메리카	서유럽	동유럽	중국	아프리카	기타
69 / 140	54 / 102	20 / 35	57 / 211	12 / 35	105 / 288

산업별 투자 비용(단위 : 10억 유로/연)

발전	교통	건물	산림 관리	석유 및 가스	기타 산업
52 / 148	48 / 300	124 / 198	15 / 43	6 / 18	72 / 104

총비용 ☐ 317유로 ▨ 811유로

출처 : 2009년 맥킨지

스위스연방공과대학교 구내식당으로 가는 중입니다.

따라서 앞으로 10년 동안 이동 수단, 주택, 토지 사용, 통신, 에너지 분야에서 새로운 기술을 개발하고 연구할 수 있도록 신속하게 투자해야 합니다.

필요한 투자 비용

2015년까지	2025년 이후
317	811

10억 유로/연

변화를 늦추면 감당해야 할 비용은 훨씬 늘어납니다. 왜냐하면, 훨씬 극적인 방법으로 훨씬 짧은 기간에 온실가스 배출량을 낮추어야 할 테니까요. 변화를 10년 늦추면 감당해야 할 비용은 46% 이상 증가합니다.

강연을 마친 레나테는 동료인 볼커와 함께 점심을 먹습니다.

현재 독일은 전 세계 에너지계에 변화를 이끌어내는 개척자 역할을 하고 있어요. 기술 면에서도 그렇고 적합한 토대를 갖춘 환경을 설계하는 일에서도 그래요. 이런 기회를 살려서 이런 변화를 정치적으로, 경제적으로 이끌어낼 수 있다는 걸 보여주어야 합니다.

WBGU
독일 지구환경변화자문위원회

저탄소
국제 및 국가

완강하게 버텨야 합니다. 이렇게 말해도 되는지 모르겠지만, 가끔은 정치인 심기를 불편하게 해도 되는 거지요.

재생에너지를 개발하는 기간은 앞으로 10년이 넘게 걸릴 테고, 2000억 유로 정도를 투자해야 할 거예요. 발전차액지원제도와 구입보증금을 마련하려면 많은 돈이 필요하죠. 하지만 동시에 화석연료와 원자력에너지에 들어가는 보조금을 줄일 수 있으니깐 비용을 절감할 수 있어요.

2011년 독일 전기 총생산량=614.5*TWH(테라와트시)**

재생에너지 19%

생활 폐기물(생물자원) 5TWH, 1%
태양광발전 19TWH, 3%
바이오매스 발전 32TWH, 5%
풍력발전 47TWH, 7%
수력발전 20TWH, 3%
석유 발전 7TWH, 1%
천연가스 발전 84TWH, 14%
원자력발전 108TWH, 18%

다른 자원 26TWH, 4%
갈탄 발전 153TWH, 25%
석탄 발전 115TWH, 19%

자료: AG에너지저장협회

독일과 유럽의 전기 시장과 전력망은 재생에너지로 생산한 전기를 아무 문제 없이 받아들이고 될 수 있으면 그대로 판매할 수 있는 형태로 설계해야 해요. 지금은 북해에서 풍력발전으로 생산한 전기만 해도 전력망에 공급할 수가 없잖아요. 그 전기를 실어 나를 적절한 전선이 없어서 그래요.

**주의: 여기에 실린 발전량은 모두 최종 소비자가 사용하는 양은 아닙니다. 기존 발전소에서는 발전소를 운영하는 데도 전기가 필요하고, 전기를 전송할 때 열과 빛과 같은 다른 에너지로 바뀌면서 손실되는 에너지도 있기 때문입니다.

민간 자본도 유치하는 게 좋을 거
같아요. 은행은 민간 투자자들이
지속가능한 에너지계를 구축하는 데
참여할 수 있도록 펀드를 운용해야
해요. 전 세계에 존재하는 민간
자본을 아주 소량만 거대한 전환에
투자해도 변화에 필요한 비용은 쉽게
마련할 수 있을 거예요.

국채를 충분히 발행하고 외화를 많이 보유한 신흥국가들도
있어요. 특히 중국이 그런데, 그런 나라들은 필요한 선급
투자로 재정을 확보할 수 있죠. 부채가 많은 선진국에 비해
신흥국가는 재정적으로 여유가 있으므로 훨씬 유리한
상태에서 시작할 수 있어요.

2010년 전 세계 외화 보유율(%)

기타 55.2%

중국
29.5%

일본 12.3%

미국
0.5%

독일
0.5%

이탈리아
0.4%

프랑스
0.3%

출처 : 블룸버그, 세계금위원회

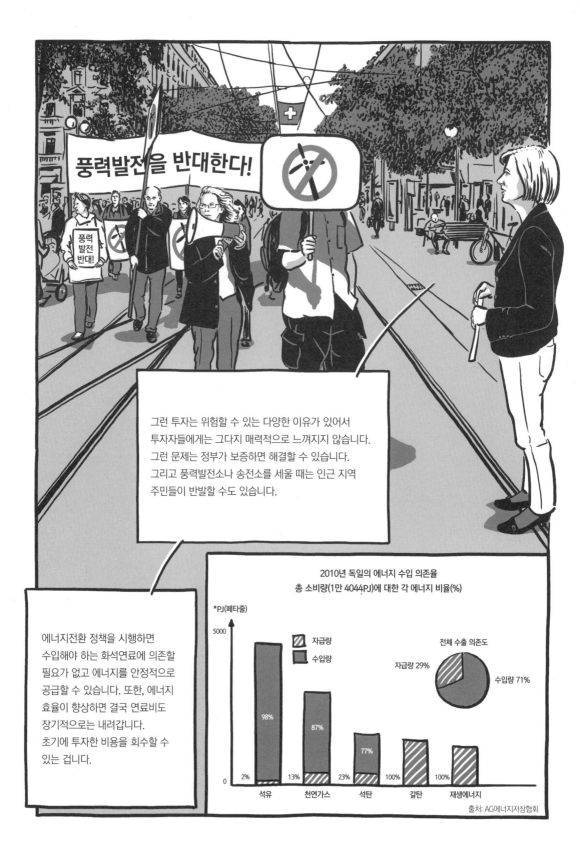

풍력발전을 반대한다!

풍력
발전
반대!

그런 투자는 위험할 수 있는 다양한 이유가 있어서
투자자들에게는 그다지 매력적으로 느껴지지 않습니다.
그런 문제는 정부가 보증하면 해결할 수 있습니다.
그리고 풍력발전소나 송전소를 세울 때는 인근 지역
주민들이 반발할 수도 있습니다.

에너지전환 정책을 시행하면
수입해야 하는 화석연료에 의존할
필요가 없고 에너지를 안정적으로
공급할 수 있습니다. 또한, 에너지
효율이 향상하면 결국 연료비도
장기적으로는 내려갑니다.
초기에 투자한 비용을 회수할 수
있는 겁니다.

2010년 독일의 에너지 수입 의존율
총 소비량(1만 4044PJ)에 대한 각 에너지 비율(%)

*PJ(페타줄)

5000

자급량
수입량

전체 수출 의존도
자급량 29%
수입량 71%

98%

87%

77%

2%

13%

23%

100%

100%

0

석유   천연가스   석탄   갈탄   재생에너지

출처: AG에너지저장협회

100

기후변화를 막으려는 조치들은 중요한 사업 기회도 제공합니다. 탄소 배출량을 줄일 수 있는 상품, 에너지 관련 기술, 에너지 사업을 다루는 새로운 시장이 형성되기 때문입니다.

재생에너지 :
2011년에 38만 1600개 일자리 창출

산업계가 만든 일자리 수

태양에너지
12만 5000명(33%)

생물에너지
12만 4400명(33%)

풍력에너지
10만 1100명(26%)

지열에너지
1만 4200명(4%)

수력발전
7300명(2%)

공적·공공 자금 분야
9600명(3%)

자료: 2012년 DLR·DIW·ZSW·GWS 예측

그런 시장은 연간 수천억 유로의 가치를 창출해낼 테고, 관련 분야의 고용률도 늘어날 것입니다. 장기적으로 볼 때 기후변화를 막는 것은 성장을 의미합니다. 가난한 나라나 부자 나라 모두에서 말입니다.

8장

국가의 역할

자비네 슐라케는 브레멘대학교에서 공법(公法)을 가르칩니다. 독일과 유럽과 국제 환경, 행정법을 주로 다룹니다.

대학 교정

지속가능한 상품과 기술을 개발할 수 있는 새로운 시장을 만들려면 투자자에게 믿음을 줄 수 있는 규제 틀을 마련해야 합니다.

그리고 야심 찰 뿐 아니라 법적 구속력이 있는 장기 목표를 정해 미리 행동에 나서는 국가도 필요합니다.

그런 국가는 반드시 자국민에게 깨끗한 공기와 안전한 물을 제공하고, 학교와 교통 시설을 세우고, 생태계가 효과적으로 작동하게 해야 합니다.

자비네가 자전거를 타고 브레멘대학교 과학박물관을 지나 교수실로 갑니다.

꽃의 수분 현상은 사람이 식량을 생산하는 데 꼭 필요한 과정입니다. 이 수분을 담당하는 꿀벌의 역할을 '생태계 서비스' *라고 정의합니다. 기후가 변하면 식물의 생태도 변합니다. 그런 변화도 여러 요소와 더불어 전 세계적으로 문제가 되는 꿀벌 실종 사건과 큰 관계가 있다고 생각합니다.

꿀벌 실종 사건은 기후 보호를 일관성 있게 국가의 목표로 삼아 국가가 지킬 기본법으로 만들고 유럽연합의 공동 목표로 삼아야 한다는 사실을 분명히 보여줍니다.

다음은 오스트리아에서 열린 글로벌 2000* 기구 때 벌인 캠페인입니다.

Klimaschutz zum Staatsziel machen*

GLOBAL 2000

기후 보호를 국가 목표로 삼으면 투자자들이 국가를 믿고 기꺼이 신기술에 투자할 것입니다.

*기후 보호를 국가 목표로!

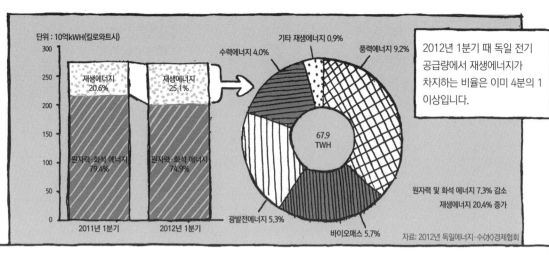

단위 : 10억 kWH(킬로와트시)

재생에너지 20.6% / 재생에너지 25.1%
원자력·화석 에너지 79.4% / 원자력·화석 에너지 74.9%
2011년 1분기 / 2012년 1분기

수력에너지 4.0%
기타 재생에너지 0.9%
풍력에너지 9.2%
67.9 TWH
광발전에너지 5.3%
바이오매스 5.7%

2012년 1분기 때 독일 전기 공급량에서 재생에너지가 차지하는 비율은 이미 4분의 1 이상입니다.

원자력 및 화석 에너지 7.3% 감소
재생에너지 20.4% 증가

자료: 2012년 독일에너지·수(水)경제협회

독일에는 재생에너지자원법*이 있는데, 앞으로 20년 동안 재생에너지 생산량을 늘린다는 내용을 골자로, 재생에너지로 만든 전기를 정부가 보증한 가격으로 기존 전력망에 합한다는 것을 최우선 순위에 두고 있습니다. 재생에너지자원법은 앞으로 개정해야 할 테지만, 지금은 기존 법에 적용을 받는 기존 발전소에 맞는 법을 만들어야 합니다. 그래야 정부를 믿고 투자할 수 있습니다.

국가는 사회 구성원이 인식할 수 있는 변화를 불러와야 합니다. 그것은……

투자자, 기업, 소비자가 지속가능한 방법을 택할 수 있도록 혜택을 주어야 한다는 뜻입니다. 지속가능한 방식으로 생산한 제품에 인증마크를 주는 것도 그런 혜택이 될 수 있습니다.

환경친화 제품임을 입증하는 인증마크들

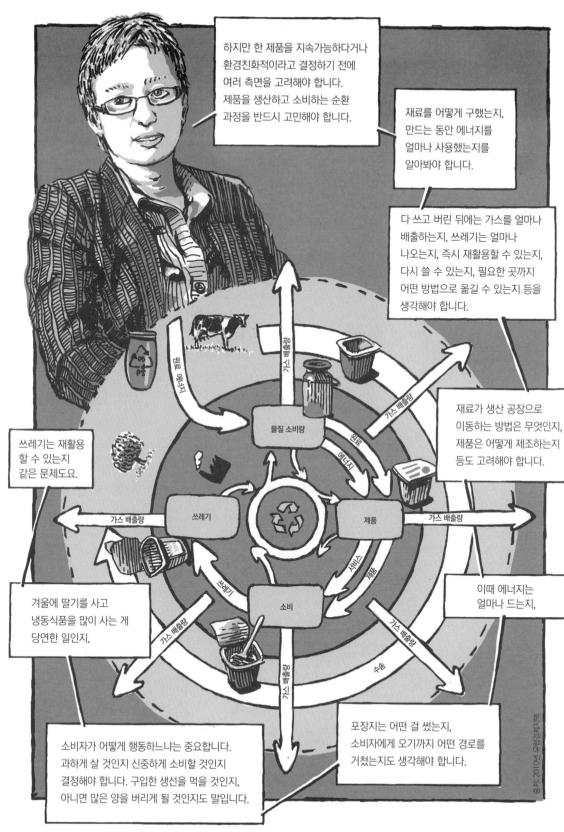

자비네 교수님, 브레멘 라디오 방송국 기자에게서 전화가 왔어요. 교수님이 쓰신 '배출권 거래'에 관해 이야기를 나누고 싶다고 하는군요.

기업에 관한 가장 중요한 정책은 이산화탄소를 배출하는 비용을 물게 하는 겁니다. 그것이 '배출권 거래' 정책의 기반입니다. 지속가능한 발전을 위한 거대한 전환을 실현하려면 반드시 해야 할 일이죠.

유럽연합에서는 이미 '배출권 거래' 제도를 시행해요. 유럽연합 회원국은 회사마다 대기로 배출할 수 있는 온실가스의 양을 정해줍니다.

만일 할당받은 배출량보다 적게 배출한 회사가 있다면, 그 회사는 자기 권리를 다른 회사에 판매할 수가 있습니다. 정해진 배출량보다 더 많이 배출한 회사에 말입니다.

밖과 안
도전과 승리
AD   1800

그렇게 되면 장기적으로 봤을 때 회사는 온실가스를 적게 배출하는 게 유리해지는 겁니다. 그리고 이산화탄소 배출량을 거래하는 시장도 생기겠죠.

좋은 말씀, 감사합니다, 자비네 교수님.

이산화탄소 거래 가격이 높을수록 에너지 효율을 높이고 에너지를 보존하는 일에 투자할 때 받는 혜택은 더 많아집니다. 지구환경변화자문위원회는 기후를 망치는 사람들이 국제시장에서 유리한 위치를 차지하지 않도록 모든 나라에서 배출량 거래 제도를 도입했으면 합니다.

이산화탄소 배출 가격 감소
이산화탄소 1t당 현물가격*(단위 : 유로)

25
20
15
10
5
0

6.77유로

2005년 7월   2007년 7월   2012년 4월

아주 오랫동안 이산화탄소 배출 가격은 1t에 13유로에서 17유로 정도였습니다. 하지만 경제 위기가 닥치면서 그 가격은 6유로에서 8유로 정도로 떨어졌습니다. 이산화탄소 배출 가격이 낮을수록 '배출량 거래' 제도의 효과는 떨어졌습니다. 이제 이런 상황을 바꾸고자 정치인들이 나설 때가 됐습니다.

2012년 11월 5일
〈디벨트(Die Welt)〉 신문
머리기사 : 의료보험 비용,
상승 중

'배출량 거래' 같은 제도가 제대로
기능하려면 오랜 시간이 지나야 합니다.
이산화탄소를 배출할 때 드는 비용이
사회적으로 필요한 실질 비용과 후속
비용을 만회할 수 있을 때만 제대로
기능하기 때문입니다. '배출량 거래'
같은 제도는 이제 한 국가가 고민하고
계획을 짜는 것만으로는 부족하다는
사실을 보여줍니다. 전 유럽이, 전 세계가
행동에 나서야 합니다. 그리고 전력망
같은 기반 시설을 만들 계획도 반드시
함께 세워야 합니다.

하지만 전 세계가 함께 계획을 세우는 일은 규모도 크고,
조정 과정도 아주 길어서 즉각 행동을 취하는 데는 방해가
될 수가 있습니다. 그런 장애는 반드시 극복해야 합니다.
2009년 경제 위기 때 유럽 전역에서 있었던 은행 구제
정책에서 확인했듯이, 충분히 극복할 수 있습니다.

민주 사회에서는 선거 기간이 짧다는 것도 그런 정책을 시행하는 데 있어 걸림돌로 작용합니다. 유권자는 빠른 해결책과 언론이
선호하는 정책을 좋아합니다. 그에 비해 오랜 시간이 지나야 비로소 효과가 나타나는 정책은 인기가 없습니다.

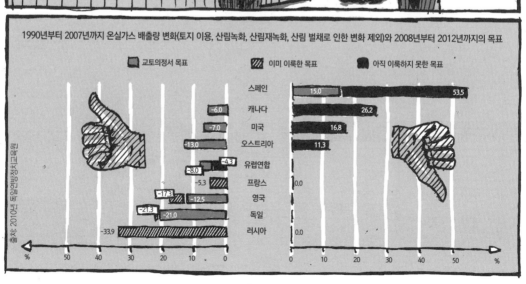

전 지구적으로 거대한 전환이 성공하려면 특히 신흥국가가 행동에 나서야 합니다. 어쨌거나 신흥국가의 에너지 소비량이 증가하고 있기 때문입니다.

중국 경제는 엄청난 속도로 성장하고 있으며, 당연히 에너지 필요량도 크게 증가하고 있습니다.

* 플래카드를 든 시위자들이 브레머하펜 연안 부두(OTB) 건설을 반대하고 있습니다.

독일 정부는 석탄을 사용하는 발전소와 재생에너지를 사용하는 발전소를 동시에 늘린다는 목표로 많은 돈을 투자하고 있습니다. 독일 정부는 2020년까지 풍력에너지, 태양력에너지, 바이오매스 에너지 생산량을 네 배로 늘린다는 목표를 세웠습니다.

중국은 박막(薄膜) 태양전지를 생산합니다.

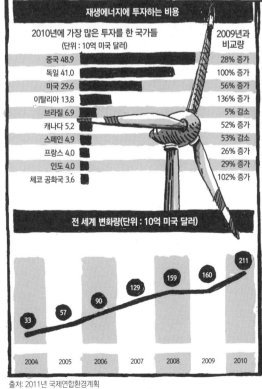

재생에너지에 투자하는 비용

2010년에 가장 많은 투자를 한 국가들
(단위 : 10억 미국 달러)

국가	투자액	2009년과 비교량
중국	48.9	28% 증가
독일	41.0	100% 증가
미국	29.6	56% 증가
이탈리아	13.8	136% 증가
브라질	6.9	5% 감소
캐나다	5.2	52% 증가
스페인	4.9	53% 감소
프랑스	4.0	26% 증가
인도	4.0	29% 증가
체코 공화국	3.6	102% 증가

전 세계 변화량(단위 : 10억 미국 달러)

2004	2005	2006	2007	2008	2009	2010
33	57	90	129	159	160	211

출처: 2011년 국제연합환경계획

그 덕분에 중국은 이산화탄소 배출량을 크게 줄이고, 국제 석유 시장의 변동에 영향을 덜 받게 되었습니다. '녹색' 기술 시장은 거래량이 연간 5000억 달러에서 1조 달러로 두 배 정도 성장했다고 추정합니다.

자비네는 풍력발전소를 세우기로 한 브레머하펜 연안 부두를 방문했습니다.

하지만 그런 정책을 중국 사람들이 아주 좋아하는 것 같지는 않습니다. 성장을 방해하는 요소처럼 보이기 때문입니다. 더구나 중앙정부가 결정한 정책을 지방자치 정부에서 시행하게 하는 일은 점점 더 어려워지고 있습니다.

자비네는 원래 있던 상륙항을 바라봅니다.

브라질은 상황이 전혀 다릅니다. 지난 20년 동안 '녹색' 기술이 갖는 정치적 정당성과 그런 기술이 필요하다는 국민의 인식이 증가해왔습니다. 브라질은 이미 필요한 에너지양의 40%를 재생에너지, 주로 수력발전에서 얻습니다.

이타이푸(Itaipú) 수력발전소

브라질은 이미 환경친화적 발전을 많이 이룩했습니다. 하지만 불행하게도 생물다양성을 보존한다는 관점에서 보면 그렇지 않습니다. 특히 열대우림 지역이 파괴된다는 점에서 말입니다.

마투그로수(Mato Grosso) 고원의 콩밭

아직은 전 세계에서 가장 풍성한 생물다양성을 자랑하는 국가이지만, 브라질은 현재 삼림 벌채와 화전 농업을 줄이려는 노력을 거의 하지 않고 있습니다. 그 때문에 재생에너지로 줄인 이산화탄소가 다시 상당량 대기 속으로 배출됩니다.

인구가 10억이 넘는 인도는 2006년에도 전체 전력 생산량의 반 이상을 석탄으로 가동하는 구식 발전소에서 생산했습니다. 전력망이 낡아서 중앙 전력망에 접속할 수 없습니다.

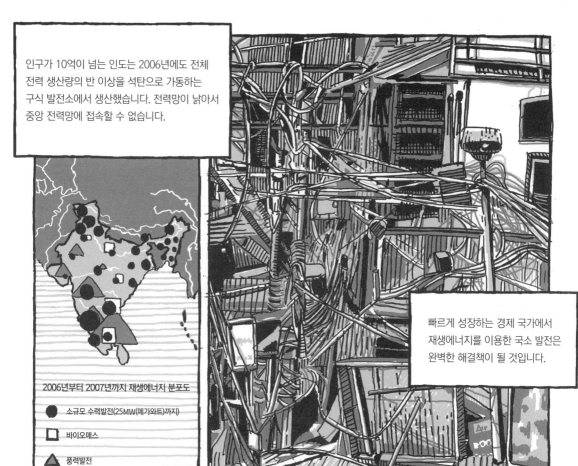

빠르게 성장하는 경제 국가에서 재생에너지를 이용한 국소 발전은 완벽한 해결책이 될 것입니다.

2006년부터 2007년까지 재생에너지 분포도

● 소규모 수력발전(25MW(메가와트)까지)

□ 바이오매스

▲ 풍력발전

출처 : 2006년 7월 인도 자원환경부

인도는 일찍부터 재생에너지가 전략적으로 중요하다는 사실을 깨닫고, 1992년에 비전통에너지자원부를 신설했습니다. 정부 차원에서 에너지를 연구하고 신기술을 개발하는 일을 증진하며 교토의정서에도 서명했습니다.

자비네는 연안 부두에서 시위자들을 만납니다.

연안 부두를 확장하면 중요한 자연이 훼손됩니다. 우린 그걸 막으려는 겁니다.

왜 시위하고 계시나요?

브레머하펜의 경우에서 알 수 있듯이 기후를 보호한다는 목적과 생태를 보호한다는 목적이 상충할 때가 있습니다. 정부는 상충하는 두 목적을 진지하게 검토해야 합니다. 그리고 두 가지 목적이 균형을 잡을 수 있도록 관련된 법을 제정해야 합니다. 여론을 수렴하지 않고, 국민의 참여를 유도하지 않으면 지속가능한 저탄소 경제를 창출한다는 목표는 절대로 이룰 수 없습니다.

9장

정치인 혼자서는
해낼 수 없다

클라우스 레게비는 정치학자이자
독일 에센에 있는 인류고등연구소*
소장입니다.

거대한 전환을 이루려면 우리 모두
자신의 가치를 다시 생각해봐야 합니다.
불행하게도 우리가 다루어야 할 힘은
관성이라는 강력한 힘입니다. 내면에
있는 괴물 말입니다.

석탄은 바비큐
구울 때만!

당장
에너지전환을!

말해봐. 정말 고기는
전혀 안 먹어?
그런데도 이상한 데가
없단 말이야?

가끔 채식하는 것은 큰
희생이 아닙니다. 하지만 그
정도만으로도 좀 더 건강해질 뿐
아니라 지속가능한 발전을 위해
공헌하고, 기후변화를 막는 데
이바지할 수 있습니다.

정부에서 모든 국민이 채식주의자가 되어야
한다는 법을 제정하는 건 의미가 없습니다.
그런 일은 전제국가에서나 하는 일입니다.
하지만 정부는 새로운 생각에 흥미를
갖도록 국민을 설득하는 캠페인을 벌일 수
있고, 그런 변화를 이룩할 기회를 제공하고,
그런 생각들이 이미 많은 사람이 누리는
좋은 삶과 어떤 관계가 있는지를 보여줄 수
있습니다.

민주 사회에서는 그저 동의를 얻는다고
해서 정당성을 획득하지는 않습니다.
시민을 위해 정치적으로 만들어내는
결과뿐 아니라 그 과정도 중요합니다.
다시 말해서 시민이 정책 결정 과정에
참여해야 한다는 뜻입니다.

정치적 정당성을 획득하는 가장 좋은 방법은
시민 참여를 유도하는 것입니다. 그저 청원서에
서명하는 것이든 시민 단체에 가입해 활동하는
것이든 사람들이 활발하게 정책 결정 과정에
참여하면 실제로 배우가 되어 작품을 만들어갈 수
있습니다. 정책 결정 과정에 참여하면서 정책의
취지를 알고 기꺼이 협력하게 되기 때문입니다.

실제로 사람들은 오랫동안 지속가능한 환경친화적인 생활 방식을 추구해왔습니다. 그런 삶을 추구하는 사람들이 지속가능한 발전을 향한 흐름에 반대할 리가 없습니다. 이런 경향은 문화에 상관없이, 전 세계에서 나타납니다.

예를 들어 스페인은 전체 인구 가운데 거의 100%가 기후변화를 진지하게 고민해야 할 지구환경 문제라고 생각합니다.

탈물질적 가치와 지속가능한 발전을 향해 나가려면 먼저 주거와 식량을 안정적으로 확보하는 일 같은 사람의 기본욕구가 충족되어야 합니다. 그런 욕구가 충족되어야 소위 말해서 성장 목표라고 하는, 더 많은 돈과 더 많은 상품을 소유하고자 하는 욕구가 줄어들고 교육, 자연과 조화를 이루는 삶, 여가 활동 같은 수준 높은 욕구를 중요하게 여기게 됩니다.

🟦 심각하다/아주 심각하다
🟦 그다지 심각하지 않다/전혀 심각하지 않다

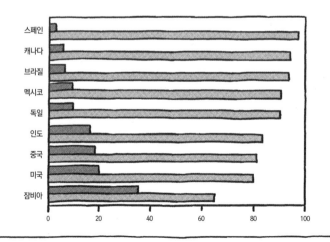

출처: 2009년 세계 가치관 조사

118

그것이 무슨 뜻인지는 먹을거리 문제를 보면 분명히 알 수 있습니다. 먹을거리는 그냥 얼마나 많이 먹느냐의 문제가 아니라……

얼마나 잘 먹느냐의 문제입니다. 또한, 식습관이 자신과 타인을 해치지 않도록 주의를 기울여야 하는 문제입니다.

행복을 추구할 때는 공동체와 사회망이 내포하는 보이지 않는 요소들도 고려해야 합니다. 특히 가족이 그렇습니다. 그러나 만족스러운 여가도 중요합니다. 지난 몇 년 동안 진행한 연구 결과를 보면 그 사실을 잘 알 수 있습니다.

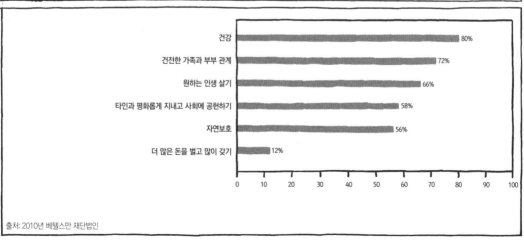

건강	80%
건전한 가족과 부부 관계	72%
원하는 인생 살기	66%
타인과 평화롭게 지내고 사회에 공헌하기	58%
자연보호	56%
더 많은 돈을 벌고 많이 갖기	12%

출처: 2010년 베텔스만 재단법인

나에게 '좋은 삶'이란 내가 원하는 삶만이 아니라(물론 그런 소망이 시작점이 되어야 한다고 생각합니다) 타인과 미래 세대에 책임을 지는 삶입니다. 다시 말해서 타인의 기준을 따르지 않는 삶을 살지만, 나의 주변 환경과 조화를 이루는 삶을 살겠다는 뜻입니다. 요즘 스마트폰은 인기가 대단합니다. 스마트폰 덕분에 다른 사람과 많이 대화하고 지식을 공유하고 사회에 참여하고 좀 더 투명한 사회를 만들 수 있습니다. 하지만 사람들은 항상 최신 스마트폰을 원합니다. 스마트폰 제조업자들은 환경에 엄청난 부담을 줍니다. 더구나 부품 중에는 재활용할 수 없는 게 많습니다.

유럽연합에서 다른 에너지 운반체를 받아들이는 태도(단위: 백분율)

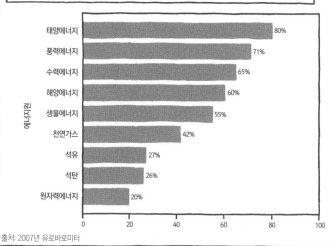

출처: 2007년 유로바로미터

가치관이 변한다고 해서, 가치관의 변화가 곧바로 행동으로 이어지는 것은 아닙니다. 기후보호를 강력하게 찬성하는 사람들도 전기나 화석연료 사용료를 높인다면 반대하는 경우가 많습니다.

가치관과 행동은 그다지 큰 상관관계가 없습니다.

비닐봉지 말고 천으로 만든 가방을 쓰라고? 그런 이야긴 들어본 적이 없는데.

변화를 주도하는 사람(변화 촉진자)들이 한계를 뛰어넘게 도울 수 있습니다. 직접 행동에 나서서 지식이 행동을 이끄는 것이 아니라 행동이 지식을 이끌게 하는 겁니다.

도시 농업을 생각해봅시다. 처음에는 아주 적은 사람들이 버려진 산업 부지에 채소를 심었습니다. 그러자 다른 사람들이 함께 참여해 농사짓는 사람들을 돕거나 농산물을 샀습니다. 그저 그곳에 가서 커피를 마시는 사람도 생겼고요.

도시 농업을 하는 사람 가운데는 현대인에게 잊혔던 감자 품종을 다시 발굴해 기르는 사람도 있고, 이제는 새로운 방식이 된 오래된 퇴비 생성 방식을 다시 소개한 사람도 있고, 도시에서 벌을 기르는 방법을 알게 된 사람도 있습니다. 이런 현상은 현대의 르네상스라고 할 수 있습니다. 이제 사람들은 먹을거리와 식량이 생산되는 방식도 고민하게 될 것입니다.

베를린 크로이츠베르크(Kreuzberg) 지구 '공주의 정원'

이런 사람들은 도시 일부를 농지로 바꿀 뿐 아니라 좋은 생각을 공유하고 함께 즐거움을 나누면서 서로 알아갑니다.

우리는 도시가 변할 수 있다는 걸 보여주고 싶어요. 녹음이 우거지고 다채로운 도시, 미래에 도래할 과제를 풀 준비가 잘된 도시를 만들고 싶습니다.

무슨 신조가 있어서 그런 건 아니에요. 그저 함께 어울리고 풍요로운 삶을 누릴 수 있는 장소를 직접 만들고 싶은 사람들이 모인 거예요.

변화 촉진자 : 도시 농업을 하는 로베르토와 마르코

이 사람들은 사회를 변하게 하는 지도자이자 개척자입니다. 새로운 기술과 생각을 도입할 때 변화 촉진자는 정말 중요합니다. 변화 촉진자는 유행을 선도하고 동료 의식을 고취하는 사람들입니다.

현명한 법률, 목표를 이룬 시장에 주는 혜택, 기업의 결단력과 장래를 내다보는 투자는 사람들을 변하게 합니다. 사람들이 변하면 누구나 자신이 어떤 음식을 먹는지, 자신이 먹는 음식은 어떤 과정을 거쳐 생산하는지에 관심을 두게 될 것입니다.

현재 두 가지 관점이 서로 논쟁을 벌이고 있습니다. 한 관점은 자원 효율성을 중요하게 생각하므로, 현대 생활 방식은 전혀 바뀔 필요가 없다고 믿습니다. 그저 전기로 가는 승용차를 개발하면 모든 문제가 해결된다고 생각합니다.

또 다른 관점은 더 많은 변화를 요구합니다. 이런 관점을 가진 사람들은 우리가 지나치게 많이 가진 것도 있다고 생각합니다. 그러므로 미래 세대를 위하여 바꾸어야 할 생활 방식도 있다고 믿습니다. 특히 대량 소비는 말입니다.

심각한 기후변화를 비롯해 지구계를 훼손하는 여러 위험을 피하려면 자제해야 한다는 생각은 사고의 역사에서는 엄청난 혁명이 전혀 아닙니다.

제과점

우와, 맛있겠다.

아냐, 사 먹으면 안 돼.

물론 사람들은 즉흥적이고 즉각적인(단기적 선호에 해당하는) 1차원적 욕구를 다스리고, 그 욕구를 2차원적 욕구(정말로 원하는 바람)로 대체할 수 있습니다. 욕구를 실현하는 과정에서 타협하는 것입니다.

오늘 할 행동을 결정할 때는 반드시 미래완료 시제로 생각해보아야 합니다. 2014년에 어떤 일을 한다면, 2050년에 내가 그 일을 했다는 이유로 미래 세대에게 환영을 받을 것인지, 내 아이가, 내 손자가, 그리고 다른 사람들이 좋은 생활을 영위할 수 있을 것인지를 생각해야 합니다.

WBGU
사무국

오호, 재미있을 거 같은데. 이 행성 사람들은 어떻게 살고 있을까?

지구환경변화자문위원회(WBGU)

기후변화 시대를 맞아 정책 결정자들은 결단을 내려야 한다는 엄청난 과제를 안고 있습니다. 지구환경과 인류가 추구하는 발전이 맺는 복잡한 상호 관계를 아직 제대로 밝히지도 못했는데 말입니다. 그러므로 우리는 1992년에 독자적인 과학 자문단체인 '지구환경변화자문위원회'를 설립할 수밖에 없었습니다. 지구환경변화자문위원회의 역할은 환경과 개발 문제를 분석하고 보고하는 것입니다. 새로 문제가 생긴 부분을 찾아내 미리 경고하고, 어떤 행동을 취하고 연구해야 하는지 조언하고, 전 세계에서 일어나는 변화를 대중이 알 수 있도록 촉구합니다.

지구환경변화자문위원회의 자문위원 9명은 매달 이틀씩 만나 지속가능한 발전을 향해 나갈 방법을 연구합니다. 지구의 에너지계를 바꿀 방법을 권고하고, 생물다양성을 지킬 방법을 모색하고, 환경을 파괴하지 않고도 90억 인구가 안전하게 식량을 확보할 방법을 찾습니다. 지구환경변화자문위원회는 자문위원 9명 말고도 각 자문위원을 돕는 과학 연구조교 9명과 보고서를 작성하고 보급하는 풍부한 경험과 과학 지식을 갖춘 사무국이 있습니다. 작성한 보고서는 독일연방정부에 공식적으로 제출합니다.

2011년에 지구환경변화자문위원회는 중요한 보고서 '변하는 세계 : 지속가능성을 위한 사회계약'을 발표해, 탄소 배출량을 줄이고 지속가능한 발전을 해야 한다고 촉구했습니다. '변하는 세계'에서 지구환경변화자문위원회는 그런 변화를 이끌 방법과 열 가지 실천 사항을 제시했습니다. 이 책은 그 보고서를 기반으로 출간했습니다.

지구환경변화자문위원회는 4년마다 자문위원을 다시 임명합니다. 그 덕분에 새로운 생각과 활력을 불어넣을 수 있습니다. 이 책에 등장하는 자문위원들은 2008년부터 2013년 2월까지 자문위원으로 활동했습니다.

베를린 지구환경변화자문위원회 사무국

언론 및 대민 관계 부장

베노 필라도(Benno Pilardeaux) 박사

책을 만든 사람들

알렉산드라 하만(Alexandra Hamann)은 언론 설계사로 2001년부터 교육 방송 대행사를 운영하면서 복잡한 과학과 기술을 전달하는 교육 프로그램을 제작해왔습니다. 수년 동안 지식을 전달할 방법을 연구하고 있습니다.

www.mintwissen.de

클라우디아 체아슈미트(Claudia Zea-Schmidt)는 콜롬비아에서 태어난 언론 정보학자입니다. 도이체벨레(Deutsche Welle) 텔레비전과 라틴아메리카 채널에서 다큐멘터리 영화제작자와 기자 생활을 시작했습니다. 2002년까지 인쇄 매체, 라디오, 텔레비전에서 프로젝트를 기획하고 진행했습니다. 문화, 과학, 정치에 지대한 관심이 있습니다.

라인홀트 라인펠더(Reinhold Leinfelder)(130쪽 참고)는 지구환경변화자문위원회 자문위원이고 『위대한 전환』 편집에 참여했습니다.

www.reinhold-leinfelder.de

옮김 김소정은 대학에서 생물을 전공했고 과학과 역사책을 즐겨 읽습니다. 과학과 인문을 접목한, 삶을 고민하고 되돌아볼 수 있는 책을 많이 읽고 소개하고 싶다는 꿈이 있습니다. 월간 『스토리문학』에 단편 소설로 등단했고, 현재 새로운 글쓰기를 위해 노력 중입니다.

감수 홍종호 교수는 서울대학교 환경대학원에서 환경경제 및 지속가능발전에 대해 강의하고 있으며, 지속가능경제·정책연구실(LSEP)를 운영하고 있습니다. 경제적·환경적 타당성을 결여한 국책사업의 문제점을 비판해 왔으며, 지속가능한 경제, 국토, 미래를 위한 정책대안을 연구합니다. 현재 한국환경경제학회 회장, 사회적 금융을 위한 (재)한국사회투자 이사, 환경시민단체인 환경정의 이사, 대한상공회의소 정책자문위원으로 봉사하고 있습니다.

지구환경변화자문위원회 자문위원들

 **한스 요아힘 (요한) 셸른후버(Hans Joachim (John) Schellnhuber) 교수는** 물리학자입니다. 포츠담기후영향연구소 소장이며, 국제연합 정부간기후변화협의체 회원이며 지구환경변화자문위원회 의장이기도 합니다. 또한 유럽기술연구소(European Institute for Technology)의 기후지식혁신공동체 이사회 회장입니다. 주로 기후변화에 따른 결과를 연구하고 지구계를 분석합니다.

 **디르크 메스너(Dirk Messner) 교수는** 정치학자이자 경제학자입니다. 본에 있는 독일개발연구소 소장이고 뒤스부르크 에센대학교 지구협력연구 고등연구센터의 공동소장입니다. 기후변화가 지구의 관리 능력에 미치는 영향을 비롯해 여러 분야를 연구하며, 지구환경변화자문위원회 부회장입니다. 독일연방 정부, 중국 정부, 세계은행, 유럽연합 집행기관에서 고문으로 활동합니다.

 **라인홀트 라인펠더 교수는** 베를린자유대학교(Freie Universität Berlin) 지구과학연구소(Institute of Geological Sciences) 지구생물학 및 인류세부 부장이며 지식 소통 분야를 주력으로 연구하는 지질학자이자 고생물학자로 뮌헨에 있는 환경과 사회과학을 연구하는 레이첼카슨센터의 카슨겸임교수입니다. 주로 지구생물학, 생물다양성, 인류세, 과학 통신을 집중적으로 연구합니다. 산호초 연구에 특히 관심이 많습니다.

 **슈테판 람슈토르프(Stefan Rahmstorf) 교수는** 포츠담대학교 해양물리학과 교수이며 포츠담기후영향연구소 지구계분석부 부장입니다. 주로 대양과 기후변화, 자연 기후변화의 상관관계를 집중적으로 연구합니다. 세계적으로 유명한 블로그 '리얼클라이머트앤드클리마라운지(RealClimate and Klima-Lounge)'를 공동으로 개설했습니다.

위르겐 슈미트(Jürgen Schmid) 교수는 2012년까지 카셀(Kassel)에 있는 프라운호퍼 에너지시스템기술및풍력에너지연구소 소장이었습니다. 유럽풍력에너지학회(European Academy of Wind Energy, EAWE) 창립 회장이며 프라운호퍼 태양에너지공급기술연구소(Institute for Solar Energy Supply Technology, ISET) 위원회 의장입니다. 카셀대학교 효율적인에너지보존부 부장이었고, 빛을 감지하는 '마이크로미러 어레이(micromirror arrays)'를 실현하는 기술을 공동으로 발명했습니다.

네보사 나키세노비치(Nebojsa Nakicenovic)(나키) 교수는 시스템분석가이자 에너지 경제학자입니다. 빈공과대학에서 강의하며 오스트리아 락센부르크(Laxenburg)에 있는 국제응용시스템분석연구소 사무차장입니다. 기후변화가 경제 발전에 미치는 영향과 에너지, 교통수단, 정보, 통신 기술의 진화를 비롯한 여러 연구를 합니다.

레나테 슈베르트(Renate Schubert) 교수는 정치경제학자이며, 취리히에 있는 스위스연방공과대학교에서 경제학을 강의하며, 2005년에 자신이 직접 창설 멤버로 참여한 스위스연방공과대학교 산하 환경결정연구소에서 소장직을 맡고 있습니다. 특히 의사결정, 위험, 보험, 에너지, 환경 경제를 주력으로 연구합니다.

자비네 슐라케(Sabine Schlacke) 교수는 법과대학교 교수입니다. 브레멘대학교에서 독일, 유럽, 국제 환경에 중점을 둔 일반법과 행정법을 가르치고, 유럽환경법연구소(Research Centre for European Environmental Law) 국장으로 근무하고 있습니다. 『환경법지(*Zeitschrift für Umweltrecht*)』 발행인입니다.

클라우스 레게비(Claus Leggewie) 교수는 정치학자이며 독일 에센에 있는 인류고등연구소 소장입니다. 2012년부터 뒤스부르크 에센대학교 지구협력연구 고등연구센터에서 공동소장을 역임하고 있으며, '세계 사회·정치·문화'를 연구합니다. 주요 연구 분야는 '기후 문화 : 현대사회가 기후변화 결과에 적응하기 위한 문화적 전제 조건'입니다.

그린 사람들

외르크 휠스만(Jörg Hülsmann)은 뒤셀도르프와 함부르크에서 일러스트를 배웠습니다. 많은 출판사를 위해 일했고, 독자적으로 활동합니다. 이탈로 칼비노(Italo Calvino)의 소설을 기반으로 그린 저서 『보이지 않는 도시들(Die unsichtbaren Städte)』은 독일서적재단에서 선정한 가장 뛰어난 그림책 가운데 하나로 뽑히기도 했습니다. www.joerghuelsmann.de

이리스 우구렐(Iris Ugurel)은 뒤셀도르프와 베를린에서 그래픽아트를 배웠고, 화가 겸 삽화가로 활동합니다. 우구렐의 작품은 다양한 전시회에서 볼 수 있습니다. www.irisugurel.com

이리스 우구렐과 외르크 휠스만은 공동으로 프로젝트를 진행하며, 베를린에서 삽니다.

니폴트 스튜디오(Studio Nippoldt)

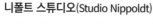

그래픽 아티스트 **로베르트 니폴트(Robert Nippoldt)**는 뮌스터응용과학대학을 졸업했습니다. 저서 『재즈 : 포효하는 20세기 뉴욕(Jazz - New York in the Roaring Twenties)』은 2007년에 독일 베스트 디자인 책으로 뽑혔습니다. www.nippoldt.de

삽화가 **크리스티네 고펠(Christine Goppel)**은 바이마르 바우하우스대학교(Bauhaus University)에서 영상통신을 공부했습니다. 삽화를 그리고 디자인을 하고 아이들과 어른을 위한 책을 씁니다. www.christinegoppel.de

비디오 아티스트 **아스트리트 니폴트(Astrid Nippoldt)**는 뮌스터응용과학대학교에서 영상통신을 공부했고, 브레멘예술대학교에서 미술을 전공했습니다. 국제 전시회를 많이 열었습니다. www.astridnippoldt.de

외르크 하르트만(Jörg Hartmann)은 뮌스터응용대학교에서 일러스트와 그래픽디자인을 공부했고, 학부생일 때 이미 출판사에 납품하는 삽화가였습니다. 아이들 책에 삽화를 그릴 뿐 아니라 만화도 즐겨 그립니다『빌스베르크(Wilsberg)』. www.extrakt.de

용어 정리

거대한 전환 일찍이 1944년에 경제학자 칼 폴라니(Karl Polanyi)가 산업혁명을 분석한 뒤에 만든 용어. 폴라니는 한 나라의 경제가 세계경제 체계와 상호 작용하면서 변하는 과정을 포괄적으로 연구했다. 폴라니가 제시한 대전환 관점을 빌려와 지구환경변화자문위원회는 '거대한 전환'을 지구 보호난간 안에서 세계 및 국가의 경제 개조를 비롯한 포괄적인 변화를 이끌어 저탄소 성장, 지속가능한 사회를 가능하게 하는 것이라고 정의한다. 거대한 전환의 목표는 지구계와 생태계에 돌이킬 수 없는 해를 입히는 것을 막고, 그 결과가 사람에게 미치는 것을 막는 것이다.

교토의정서 기후를 보호하려고 맺은 국제연합의 기후변화협약을 좀 더 구체적으로 규정하고자 1997년에 추가로 제정한 의정서. 교토의정서는 적어도 55개 국가에서 비준한 즉시 발효됐다(이 국가들이 1990년에 배출한 이산화탄소의 양은 전체 배출량의 55%가 넘는다). 이산화탄소 배출량에서 상위권을 차지하는 미국이 아직도 의정서를 비준하지 않고 있으므로 2005년 초에 러시아가 비준하기 전까지는 효력이 없었다. 교토의정서는 온실가스 배출량을 전 세계가 함께 조절한다는 공동 목표를 명시한 첫 번째 조약이며, 지금까지 유일하게 국제법이 효력을 미치는 기후 보호 정책 수단으로 남아있다. 2012년에는 교통의정서를 8년 연장하기로 합의했다. 그러나 많은 선진 공업국이 조약에서 탈퇴했다. 현재 남은 의무감축국은 유럽연합, 노르웨이, 아이슬란드, 리히텐슈타인, 스위스, 모나코, 크로아티아, 우크라이나, 벨라루스, 카자흐스탄, 오스트레일리아다.

국내총생산(GDP) 한 나라의 경제 범위 안에서, 1년 동안 형성된 시장에서 거래되는 모든 상품과 서비스의 가치. 한 나라의 GDP에는 그 나라에서 활동하는 외국인의 경제활동 내용은 포함하지만, 해외에서 활동한 자국민의 경제활동은 포함하지 않는다. 전 세계 GDP는 모든 국가의 GDP를 합한 값이다.

국제보호협회(Conservation International) 지구의 생물다양성과 환경을 보호한다는 목적으로 1987년에 창립한 비영리단체. 국제보호협회는 생물다양성이 특히 높은 바다와 육지에 관심을 가지며, 주로 아프리카, 아시아, 오세아니아, 중앙아메리카, 남아메리카에서 활동한다.

국제에너지기구(International Energy Agency, IEA) 16개 선진공업국이 에너지 기술에 관한 연구 및 개발, 시장 조성, 기술 적용을 목표로 1973년에 창설한 협력 단체. 국제에너지기구는 석유 시장에 전략적으로 개입할 수 있도록 자체 석유 보유량을 확보하고 있다.

국제연합 식량농업기구(Food and Agriculture Organization, FAO) 유럽연합에 설치한 특별 기구. 안전하게 식량을 공급하고 삶의 수준을 향상하고자 전 세계 식품 및 농업의 생산량과 분배를 개선한다는 목표가 있다.

국제연합 정부간기후변화협의체(Intergovernmental Panel on Climate Change, IPCC) 여러 국가가 기후변화를 함께 연구하는 기관. 국제연합의 정부간기후변화협의체의 주요 목표는 지구온난화를 일으키는 원인과 결과를 밝히고, 지구온난화를 막고 기후변화에 적응하는 전략을 한데 모아 발표하는 것이다. 정부간기후변화협의체는 직접 조사를 진행하는 대신 여러 학문 분야에서 알아낸 지식을 모아 '평가 보고서'를 발표한다. 전 세계에서 명예직으로 일하는 수백 명 기후 전문가들이 연구한 내용을 모은 보고서다. 20년이 넘는 세월 동안 정부간기후변화협의체의 평가 보고서는 기후변화에 관한 정치 및 과학 분야에서 현안을 논의할 수 있는 토대를 제공해왔다.

국제연합 환경개발회의(United Nations Conference on Environment and Development, UNCED, **리우 지구정상회담**) 1992년에 리우데자네이루에서 열린 회담으로 생물다양성협약과 국제연합 사막화방지협약을 채택했다. 국제연합 환경개발회의는 전 세계가 지속가능한 정책을 세울 수 있는 이정표라는 평가를 받는다. 리우환경개발선언은 지속가능한 발전을 21세기 지구의 발전 모형으로 삼아야 한다는 지침을 제일 처음 채택한 국제 선언이다. "지속가능한 발전의 중심에는 사람이 있다. 사람은 자연과 조화를 이루며 건강하고 생산적인 삶을 누릴 자격이 있다……. 성장할 수 있는 권리는 현세대와 미래 세대의 발전 및 성장 욕구를 동시에 공평하게 만족시킬 수 있어야 한다."(리우환경개발선언 제1원칙과 제3원칙)

국제응용시스템분석연구소(International Institute for Applied Systems Analysis, IIASA) 국제응용시스템분석연구소는 국제연합과 국가를 뛰어넘는 협력을 하면서, 환경을 보호하고 새로운 기술을 개발하고자 국제 전략, 국제 정치 및 외교 분야를 연구한다. 국제연합 식량농업기구 및 다른 기구들 참고.

글로벌 2000(Global 2000) 오스트리아에서 활동하는 중요한 환경 단체. '지구의 벗(Friends of the Earth International)'의 지부로 미래에도 남을 사회와 온전한 환경, 지속가능한 경제활동을 촉구하는 캠페인을 벌인다.

기후 기후는 기후계의 장기 상태라고 간주한다. 기후계는 대기, 해양, 얼음덩어리(지표면) 등으로 이루어져 있다.

기후변화협약(United Nations Framework Convention on Climate Change, UNFCCC) 대기 속 온실가스의 농도를 안정적으로 유지해 인류가 기후계에 심각하게 간섭하지 못하게 하는 것을 목표로 하는 국제 환경 협약. 협약은 1992년에 국제연합 환경개발회의에서 채택했고 1994년 3월에 발효했다. 그 사이에 온실가스를 다량 배출하는 미국, 러시아, 유럽연합, 중국, 인도를 비롯해 190개 국가가 협약을 비준했다. 기후변화협약 자체는 기후변화를 막는 구체적인 약속을 하지 않았다. 구체적인 약속은 선진 공업국을 대상으로 하는 교토의정서에서 규정했다.

기후지식혁신공동체(Climate Knowledge and Innovation Community, KIC) 유럽혁신기술연구소 (European Institute for Innovation and Technology, EIT)에서 2010년에 시작한 연구 공동체다. 기후지식혁신공동체의 목표는 기후변화가 생기는 원인을 줄이고 기후변화 때문에 생기는 결과를 개선할 신기술을 개발하도록 촉구하고 증진하는 것이다.

날씨 특정 지역에서 단기간에 나타나는 대기의 상태. 기후의 발달과 달리 날씨는 무작위적인 과정에 크게 영향을 받으므로 단기간의 일기예보만 할 수 있다.

대기의 창(Atmospheric window) 가시광선이나 적외선 같은 태양과 지구의 복사에너지가 잘 투과되는 대기의 파장 영역. 수증기가 복사에너지를 흡수하는 곳에서 나타난다. 이산화탄소와 오존층은 투과율이 아주 낮다.

대류 온도 차이 때문에 공기나 물 같은 입자가 일정한 흐름을 만들면서 움직이는 현상.

독일개발연구소(Deutsches Institut für Entwicklungspolitik, DIE) 연구, 정책 조언, 훈련 활동을 하는, 국제 발전 및 성장 정책을 연구하는 세계 유수의 연구소.

레이첼카슨센터(Rachel Carson Center, RCC) 환경 및 사회과학 분야를 연구하고 교육하는 학제 간 연구소. 지구협력연구 고등연구센터 산하 단체로 2009년에 뮌헨의 루트비히막시밀리안스대학(Ludwig-Maximilians University)과 국립독일박물관이 함께 설립했다. 현대 환경운동의 선구자로 평가받는 미국 생물학자 레이첼 카슨(1907~1964년)의 이름을 땄다.

리우데자네이루에서 열린 지구정상회담(Earth Summit) 환경과 성장을 고민한 국제연합 회의.

모두를 위한 지속가능한 에너지 반기문 국제연합 사무총장이 발기한 지구 혁신 계획. 2030년까지 전 세계 현대 에너지 기술에 무제한으로 접근하고, 재생에너지 생산량을 40% 늘리고, 전 세계 전체 에너지 사용량에서 재생에너지가 차지하는 비율을 30%로 늘린다는 세 가지 특별한 목표를 달성하려는 계획이다.

물 기근
- **물리적 물 기근 지역** 물의 75% 이상을 직접 강에서 얻는 곳(특히 중앙아시아, 인도 남부, 북아프리카, 중동, 미국 서부).
- **곧 물리적 물 기근을 겪을 지역** 물의 60% 이상을 강에서 얻는 곳.

- **경제적 물 기근 지역** 사람이 쓸 수 있는 물은 충분하지만(강물로 사용하는 물 이용률이 25% 이하), 필요한 관개시설이 없어서 사람이 물을 사용하지 못하는 곳(주로 아프리카, 남아시아, 남아메리카).

백만분율(ppm) 화학물질의 농도를 측정하는 단위. 예를 들어 대기에 포함된 기체 분자 100만 개 중에 이산화탄소 분자가 몇 개 들어있는지를 나타내는 단위다.

사막화 사람이 하는 활동 때문에 건조한 지역에서 땅의 질이 점점 저하되는 현상. 땅이 악화하는 이유는 주로 지나친 방목, 삼림 훼손, 인공 관개시절, 부적합한 농업 등으로 천연자원을 남용하기 때문이다. 토지가 사막화하면 식물이 잘 자라지 못하고, 표토가 사라지고, 지하수가 마르고, 심하면 모래 폭풍이 분다.

사막화방지협약(United Nations Convention to Combat Desertification, UNCCD) 1994년에 제정한 사막화방지협약은 지속가능한 토지관리를 위해 환경과 성장을 고민한 법적 효력이 있는 유일한 국제 협약이다. 사막화방지협약은 구체적으로 마른땅이라고 할 수 있는 건조 지역, 반건조 지역, 아습윤 지역을 다룬다. 2008년부터 2018년까지 10년 동안 진행할 사막화 방지 전략은 2007년에 채택했는데, 협약 당사국은 협약을 제정하는 목표로 '사막화와 토지의 질적 저하를 방지하고 개선하며 가난을 근절하고 지속가능한 환경을 만들고자 사막화가 진행되는 지역의 가뭄을 완화하려고 국제적으로 협력할 것을 목표로 한다.'라는 점을 분명하게 명시했다. 사막화방지협약은 195개 국가가 비준했다.

샌타페이연구소(Santa Fe Institute) 1984년에 미국 뉴멕시코 주 샌타페이에 설립한 비영리 민간 공동 연구 및 교육 기관. 물리학, 생물학, 공학, 사회과학 분야의 학제 간 연구를 진행한다. 근래에는 인지신경과학, 물리학과 생명과학, 경제학과 사회의 상호작용, 진화역학, 네트워크 역학 관련 컴퓨터 시현 작업을 집중적으로 연구한다.

생물다양성협약(Convention on Biological Diversity, CBD) (동식물, 각 종의 유전자 다양성, 생태계의) 생물다양성을 지키고자 1992년에 제정한 국제 환경 협약으로 생물다양성을 보존하고 공정한 이득 분배를 달성한다는 목표를 세웠다. 다시 말해서 자원을 지속가능한 방식으로 사용하는, 전통 지식을 활용하는 사람들은 좀 더 많은 경제적 이득을 얻게 한다는 것을 목표로 한다. 생물다양성협약은 지구의 자연을 보존하고 생물종을 보호하고 지속가능한 발전을 지향한 첫 번째 협약이다. 1993년에 발효했고, 지금까지 168개국과 유럽연합이 가입했다.

생태계 서비스 생태계가 사람에게 주는 이득을 경제적 측면에서 본 용어. 생태계 서비스는 공급 서비스(예 : 곤충이 꽃을 수분하거나 식수를 만드는 자연 여과 장치, 식량을 제공하는 동물들의 생식), 조절 서비스(예 : 홍수를 막는 충적토 삼림), 여가 서비스, 지원 서비스(예 : 영양소 순환)로 이루어져 있다.

성층권 지리적으로 극지방에서는 고도 8km 정도에서, 적도 지방에서는 고도 18km 부근에서 시작하는 대기권의 두 번째 층. 성층권 밑에 있는 대류권에서 거의 모든 기상 현상이 일어난다.

세계자연보호기금(World Wide Fund for Nature, WWF) 규모가 아주 큰 국제 자연보호 단체. 1961년에 스위스에서 세계야생생물기금(World Wildlife Fund)으로 활동을 시작했다.

세계자원연구소(World Resources Institute, WRI) 미국 수도 워싱턴에 기반을 둔 비영리단체. 환경을 보호하고 지속가능한 발전을 증진하고 인류의 삶을 개선하고자 여러 정부, 기업, 시민 단체와 국제적으로 협력한다. 100명이 넘는 기업분석가, 경제학자, 정치학자, 과학자가 연구에 참여한다.

수압파쇄법(Fracking, hydraulic fracturing) 석유나 천연가스를 채굴할 때 쓰는 공법. 액체에 모래나 화학물질을 섞어 유정 깊숙이 분사해, 유정을 감싼 암석에 균열을 만들거나 이미 있는 균열을 넓힌다. 수압파쇄법은 암석층의 투과성을 높이므로 기존에는 천연가스와 원유를 추출할 수 없었던 암석층에서도 화석연료를 추출할 수 있다.

순흡수 지표면에 의한 열의 순흡수 참고.

슈퍼그리드(Super grid) 대륙을 연결하기도 하는 먼 거리로 전기를 전송하려고 만든 고성능 전력망. 초고압 직류 송전(high-voltage direct-current, HVDC) 기술로 전력 손실을 크게 줄일 수 있다.

시너지(Synergy) 공동의 이익을 내는 유기체와 물질과 힘의 상호작용.

식물의 순파괴 이미 죽은 식물과 새로 성장하는 식물의 차.

신흥국가(Emerging Economies) 계속 산업화가 진행되고 있으며 성공적으로 경제 발전을 이룩해 곧 '선진 산업 공업국'에 진입하기 직전에 있는 나라들. 문맹률, 유아 사망률, 수명이 경제 지표보다 훨씬 뒤처지는 나라도 있다.

아프리카·유럽연합에너지협력관계(Africa-EU Energy Partnership) 유럽연합과 아프리카 국가들이 에너지 분야, 특히 재생에너지와 에너지 효율성 분야에서 정치적으로 협력을 증진한다는 목적으로 시작한 프로그램.

양수(揚水)발전소 양수발전소에서는 소비 전력이 줄어들면 남는 전기를 사용해 하부 저수지에 있는 물을 상부 저수지로 끌어올린다. 전력 요구량이 높아지면 상부 저수지에 저장했던 물을 방출한다. 방출한 물은 하부 저수지로 떨어지면서 터빈을 돌린다. 이때 생산한 전기는 전력망에 공급한다.

에너지전환(Energiewende) 에너지계를 지속가능한 형태로 바꾸는 변화.

에어로졸(Aerosol) 공중에 떠있는 작은 입자나 액체 방울(꽃가루, 먼지, 유황 같은 입자들).

엑사줄(EJ) 줄 참고.

열병합발전(Combined heat and power, CHP) 전기를 생산할 뿐 아니라 발생하는 열로 난방을 하거나(지역난방) 열이 있어야 만드는 물건을 제조하므로 열병합발전 시설은 연료를 효율적으로 사용하게 한다.

염류화 토양에 물에 녹은 염분이 과도하게 축적되는 현상. 자연적으로 지하수나 강물에는 소금 같은 물질이 일정한 비율로 용해되어있다. 건조한 지역에서는 흔히 관개시설 때문에 염류화가 진행된다. 염류가 물에 녹아 토양에 스며드는 것이다. 염류를 녹인 물이 증발하면 토양에는 염류만 계속 쌓여서 결국 토양은 황폐해지고 염분의 농도가 높아진다. 무기물질로 만든 비료도 염류화 작용을 촉진한다. 무기질비료도 물이 증발하면 염류만 남기 때문이다.

영구 동토층 1년 내내 얼어붙은 땅. 영구 동토층은 대부분 마지막 빙하기 때부터 언 상태로 존재한다. 시베리아의 영구 동토층은 깊이가 1500m에 달한다.

이산화탄소(CO_2) 탄소와 산소로 이루어진 화합물. 불연성이고 산성이고 냄새와 색이 없는 기체로, 물에 쉽게 녹는다. 대기를 구성하는 자연 성분으로 생명체가 생산하거나 소비하는 천연 온실가스다. 그러나 탄소를 기반으로 하는 물질이 발화하면 더 많은 이산화탄소가 대기로 들어간다. 특히 석탄, 석유, 천연가스 같은 물질이 그렇다. 식물은 이산화탄소를 바이오매스(biomass, 에너지원으로 사용되는 식물이나 동물 같은 생물체)로 바꾸며, 같은 작용을 하는 세균도 있다. 광합성을 하는 동안 무기물인 이산화탄소는 물과 만나 포도당 같은 유기물질로 바뀐다.

인류고등연구소(Institute for Advanced Studies in the Humanities, KWI) 독일 에센에 있으며, 현대 문화, 사람, 사회과학을 연구하는 학제 간 연구소다. 현재 기억의 문화, 문화 상호성, 기후와 문화, 책임의 문화 등을 중점적으로 연구한다.

인류세(Anthropocene) 2000년에 파울 크루첸(Paul Crutzen)이 만든 용어로, 인류가 전 세계적으로 환경에 영향을 미쳐 환경을 파괴하는 등 생태계에 중대한 변화를 일으키는 새로운 지질학 시대를 의미한다. 그중에서도 가장 중요한 변화는 기후변화다. '인류세'에 사람이 지속가능한 경제활동을 하려면 인류는 자연과 대립하는 존재가 아니라 자연의 일부라는 사실을 깨달아야 한다.

인 순환 물, 토양, 바이오매스로 인(P)이 이동하면서 생화학적으로 바뀌는 현상. 인은 생명체에 없어서는 안 될 무기질로, 여러 화합물의 형태로 존재한다. 인이 없으면 유전물질은 물론이고 뼈, 잎, 꽃도 만들어지지 않는다. 생물계가 아니라면 인은 아주 희귀한 원소라서 세상에 몇 군데밖에 없다.

1차에너지 전기처럼 사용할 수 있는 에너지 형태로 바꾸지 않은 천연 상태의 에너지. 갈탄, 석탄, 원유, 천연가스, 원자력 연료 등이 1차에너지 운반체다. 풍력에너지나 태양에너지 같은 재생에너지는 생산한 전력량을 1차에너지라고 부를 때가 많다.

잠열(潛熱) 물이 증발하는 데 필요한 총열량. 잠열은 수증기가 응결될 때(예 : 구름 생성) 방출되므로 대기에 열을 더하는 중요한 공급원이다.

재보험 보험회사는 피해자가 아주 많거나 엄청난 피해가 발생했을 때는 한꺼번에 많은 보험금을 지급해야 한다. 그 때문에 파산하지 않으려고 보험회사는 재보험을 든다. 재보험 회사는 규모가 큰 장기 위험을 다루므로 기후 연구에 투자를 많이 한다.

재생에너지 태양, 바람, 물처럼 지속가능한 자원으로 얻는 에너지. 사람의 관점에서 봤을 때 고갈되지 않는 에너지. 화석연료와는 규모나 여러 가지 면에서 대조를 이루는 에너지다.

재생에너지자원법(Renewable Energy Sources Act, EEG) 2000년 4월 1일에 독일에서 발효한 재생에너지에 관한 법. 재생에너지로 전기를 생산하는 발전소는 고정된 가격으로 전기를 팔 권리를 보장한다.

전제국가(Autocracy) 개인이나 단체(정당이나 중앙위원회나 군사정부)가 독재하는 정부 형태. 완벽한 군주국가나 독재국가처럼 국민의 정치 참여가 거의 없거나 아예 없다.

전환요소(Tipping elements, 전환영역) 일단 임계 한계치(전환점 참고)를 넘으면 완전히 다른 상태로 전환할 수 있는 대규모 생태계 환경. 이는 자기 강화 과정 때문에 생기는 현상이다. 아마존 열대우림의 생태계나 북대서양해류 같은 곳에서 그 예를 볼 수 있다.

전환점 한계에 존재하는 임계값으로, 그 값을 넘으면 전환 영역으로 넘어가 새로운 상태가 된다. 예를 들어 그린란드에 있는 빙하의 경우는 빙하가 완전히 녹는 악순환이 시작되는 임계온도가 있다.

줄(J) 국제적으로 통용되는 에너지 측정 단위. $1J=1kg\cdot m^2/S^2$. 1kWH=360만J.
  - **엑사줄(EJ)** $1EJ=1018J=1000PJ$ 또는 100경J
  - **페타줄(PJ)** $1PJ=1015J=1000$조J

증발 증발산 참고

증발산 동물(주로 땀으로), 식물(주로 잎의 기공을 통한 증산작용), 토양 표면에서 물이 증발하는 현상.

지구 보호난간(Planetary guard rails) 지구환경변화자문위원회는 1995년부터 지구 보호난간이라는 개념을 발전시켰으며, 이 보호난간을 인류가 정량적으로 확인할 수 있는 피해 한계치라고 정의한다. 지금 당장, 혹은 미래에 지구 보호난간을 넘으면 돌이킬 수 없는 결과가 생기므로 다른 곳에서 엄청난 이득을 본다고 해도 그 피해를 상쇄할 수 없다. 하지만 보호난간을 준수하면 인류의 자연사(自然史)를 지원하는 지원 체계와 지속가능한 발전을 하는 데 꼭 필요한 지구계의 기능과 생태 서비스, 천연자원을 보존할 수 있다. 따라서 그린란드에 있는 빙하가 되돌릴 수 없을 정도로 녹거나 지구온난화 때문에 열대 산호초가 파괴되는 등, 비선형적인 과정이 진행되어 지구계가 전환점을 맞는 일을 방지하려면 기후 상승 온도를 2℃ 이하로 제한하는 일은 아주 중요하다. 보호난간은 반드시 준수해야 하지만, 그것만으로는 충분하지 않다. 보호난간을 지속가능한 발전의 기준으로 정해야 한다.

지구정상회담 리우데자네이루에서 열린 지구정상회담 참고

지구협력연구(Global Cooperation Research) 고등연구센터(Centre for Advanced Studies) 뒤스부르크 에센대학교의 지구협력연구를 위한 학제 간 연구센터로 보통 레이첼카슨센터라고 부른다. 지구협력연구센터는 전 지구적인 협력이야말로 시급한 초국가적 문제를 해결하는 효과적이고 적절한 방법이라고 생각한다.

지속가능한 발전(Sustainable development) 지속가능한 발전에 관한 전통적인 정의는 1987년에 세계환경개발위원회(World Commission on Environment and Development, WCED)에서 발표한 브룬틀란 보고서(Brundtland Report, 인류의 공동 미래)에서 유래했다. '지속가능한 발전이란 현세대의 욕구와 미래 세대에 필요한 욕구를 충족하는 능력을 절충하지 않아도 되는 성장이다.' 이 외에도 지속가능한 발전을 정의하는 표현은 많은데, 모두 정치적·사회적·환경적으로 지속가능한 발전을 하는 방향으로 달려간다는 목표를 지향한다.

지속가능한 발전을 위한 국제연합 회의(United Nations Conference on Sustainable Development, UNCSD, 리우 +20) 1992년에 시작한 국제연합 환경개발회의 20주년을 기념해 2012년에 리우데자네이루에서 열린 국제회의. 회의 주제는 크게 두 가지로 지속가능한 발전으로 빈곤을 퇴출하는 녹색 성장을 하고, 지속가능한 발전을 할 수 있는 제도적 장치를 마련하는 것이었다.

지표면에 의한 열의 순흡수(Net absorption) 지구가 흡수한 열과 방출한 열의 차.

질소순환 질소(N)가 지구의 대기, 호수와 바다, 토양과 바이오매스로 이동하면서 생화학적으로 바뀌는 현상. 질소는 모든 생명체에게 꼭 필요한 기본 원소다. 생명체는 성장하는 동안 환경에서 질소를 흡수하고 죽은 뒤에 자연으로 방출한다. 해조류와 일부 식물은 대기에서 직접 질소를 흡수하지만, 대부분 식물은 토양에서 질소화합물을 흡수한다. 토양에서 질소화합물

을 흡수하는 과정은 비료를 사용하면 강화할 수 있다. 사람을 비롯한 동물은 먹는 음식에서 질소를 흡수한다.

침전 무기물이나 유기물 입자가 해저나 호수 밑이나 땅에 쌓이는 현상.

탄소(C) 자연에 아주 흔한 원소로 유기체를 구성하는 기본단위다. 높은 열에서 타면 이산화탄소가 되며, 산소가 부족할 경우 유독한 일산화탄소가 된다.

탄소순환 탄소가 대기, 땅, 바다로 이동하면서 이산화탄소처럼 다른 형태의 화합물로 바뀌는 현상. 기후변화나 지구온난화처럼 사람이 영향을 미치는 환경 변화를 이해하려면 탄소순환을 알아야 한다.

탄소 흡수원(Carbon sinks) 대기 속 이산화탄소 같은 여러 물질에서 나온 탄소는 오랫동안 저장된다(토양, 바다, 식물, 퇴적물 등에 쌓인다). 가장 중요한 탄소 흡수원은 해양과 육지 생태계다.

탈(脫)탄소 탄소 사용 소비 형태에 생기는 변화. 석탄·석유·천연가스 같은 화석연료 대신 이산화탄소를 배출하지 않는 재생에너지 사용.

테라와트시(TWH) 10억kWH에 해당하는 전력량. 10억 명이 전자레인지로 점심을 만들어 먹거나 (1년에 한 집에서 소비하는 전력량을 3500kWH라고 가정하면) 1년 동안 28만 5000가구에 전기를 공급할 수 있는 양.

페타줄(PJ) 줄 참고.

평화공원(Peace Parks) 1997년에 아프리카 남부에 있는 여러 국가가 창설한 재단. 평화공원은 국경을 넘어 자연과 문화를 보호하는 지역을 지정했을 뿐 아니라 인접 국가가 서로 평화로운 협력 관계를 조성하고 안전을 증진한다는 목표를 세웠다.

포츠담기후영향연구소(Potsdam Institute for Climate Impact Reserch, PIK) 1992년에 설립한 학제 간 연구소로 지구 기후변화와 그에 따른 생태·경제·사회적 결과를 연구하며, 자연과 사람이 지속가능한 발전을 할 수 있는 선택지와 전략을 설계한다. 포츠담기후영향연구소는 독일 연방정부, 유럽연합 집행위원회를 비롯한 여러 국가와 세계은행 같은 국제기구에 조언하며, 산업계와 끊임없이 정보와 아이디어를 교환한다. 포츠담기후영향연구소 소속 과학자들은 국제연합 정부간기후변화협의체에서 중요한 역할을 맡고 있다.

프라운호퍼(Fraunhofer) 에너지시스템기술및풍력에너지연구소(Institute for Wind Energy and Energy System Technology, IWES) 풍력에너지와 재생에너지를 기존 공급 시설에 통합하는 방법을 전체적으로 연구하는 독일 연구소.

해양 산성화 바닷물의 산성도가 측정할 수 있을 정도로 높아지는 현상. 대기 속 이산화탄소를 흡수하는 것이 원인인데, 이산화탄소가 물에 녹으면 탄산수가 되기 때문이다. 지구온난화와는 별도로 해양 산성화는 사람이 배출하는 이산화탄소가 일으키는 심각한 문제다.

현물가격 주식시장에서 거래할 때 사용하는 용어. 실제 물건과 즉시 교환할 수 있는 상품 가격. 현금지급가격이라고도 한다.

혼합국가(Anocracy) 민주국가와 전제국가의 중간에 해당하는 국가. 민주화가 진행되고 있지만, 여전히 상류층이 권력을 독점한 나라.

환경결정연구소(Institute for Environmental Decisions, IED) 취리히 스위스연방공과대학교(Swiss Federal Institute of Technology, ETH)에 있는 연구소로, 같은 목적으로 설립한 연구소가 유럽에는 더는 없다. 정치학, 심리학, 경제학 분야 전문가들이 자원 활용과 환경문제에 관한 개인과 집단의 결정을 평가하는 연구를 진행한다.

화석 에너지 운반체·자원·연료 수백만 년 전에 살았던 동식물이 산소가 없는 상태에서 변한 석탄, 석유, 천연가스를 이르는 용어.

희토류 미래 신기술 연구에 사용되는 중요한 금속들. 풍력 터빈, 발광다이오드(LED), 휴대전화, 전동기 같은 물질을 만들 때 쓴다.

희토류금속 모두 17가지가 있다. 비교적 흔한 원소이지만, 지각에는 오직 소량만 들어있고, 순수한 물질을 얻으려면 오랜 시간 정제해야 한다. 독성 잔류물이 남아서 환경에 영향을 미친다.

G0(G-zero) G20 참고.

G20 유럽연합과 가장 중요한 선진 공업국과 신흥국가 모임. 1999년에 창설한 비공식 모임으로 국제경제 체계에 관해 조언하고 협력하는 방법을 모색하는 국제회의다.

US 48 미국 본토라고도 한다. 북아메리카 대륙에서 경계를 접하는 미국 48개 주를 뜻하는 명칭으로, 알래스카, 하와이, 해외 영토를 포함하지 않은 미국을 가리키는 용어.

참고 자료

24쪽. 지구 위험 한계선
록스트룀(Rockström) 외, '사람을 위한 공간 안전하게 운용하기(A safe operating space for humanity)', 〈네이처〉 461호, 2009년.
http://www.nature.com/nature/journal/v461/n7263/fig_tab/461472a_F1.html#figure-title 참고

34쪽. 고기 생산
출처 : 국제연합환경계획(United Nations Environment Program, UNEP) '변하는 환경 추적하기(Keeping track of Our Changing Environment)', 리우+20(1992~2012년), 조기경보 및 평가부(DEWA), 나이로비, 2011년.
http://www.unep.org/geo/pdfs/Keeping_Track.pdf 참고

36쪽. 석유와 천연가스 매장량
출처 : 석유및가스생산정점연구회(The Association for the Study of Peak Oil & Gas, ASPO) 보고서 38호, 2004년 2월.

38쪽. 물 기근
출처 : 유네스코, '변하는 세계에서의 물(Water in a Changing World)', 제3회 국제연합 세계 물 개발 보고서, 2009년.
http://webworld.unesco.org/water/wwap/wwdr/wwdr3/pdf/WWDR3_Water_in_a_Changing_World.pdf 참고

39쪽. 죽음의 지역
댄 스웬슨(Dan Swenson), 〈타임스 피커윤(Times Picayune)〉, 2007
http://blog.nola.com/times-picayune/2007/06/despite_promises_to_fix_it_the.html 참고

39쪽. 유럽에 형성된 죽음의 지역
http://earthobservatory.nasa.gov/IOTD/view.php?id=44677 참고

41쪽. 산호초의 전환점
표 : 라인홀트 라인펠더 작성, 2012년.

44쪽. 탄소순환
출처 : 지구환경변화자문위원회 보고서.
http://www.wbgu.de/uploads/media/4.1-1.jpg 참고

44쪽. 온실가스 효과
출처 : 케빈 트렌버스(Kevin E. Trenberth)·존 파술로(John T. Fasullo)·제프리 키엘(Jeffrey Kiehl) 공저, '지구의 지구 에너지 예산(Earth's global Energy budget)', 미국 기상학회(Meteorological Society) 회보, 2008년.
자료 : 국제연합 기후변화정부간협의체, 2007년.

45쪽. 지구 평균기온
출처 : 말테 마이샤우젠(Malte Meinshausen) 외, '지구 기온 상승률을 2℃로 제한하기 위한 온실가스 배출량 목표(Greenhouse-gas emission targets for limiting global warming to 2℃)', 〈네이처〉 458호, 2009년.
http://www.iac.ethz.ch/people/knuttir/papers/meinshausen09nat.pdf 참고

46쪽. 지구온난화

출처 : 국제연합 정부간기후변화협의체, 기후변화에 관한 네 번째 평가 보고서, 2007년.
http://www.ipcc.ch/publications_and_data/ar4/wg1/en/figure-spm-6.html 참고

48쪽. 해안가 삼각주 지역

출처 : 국제연합 정부간기후변화협의체, 네 번째 평가보고서, 2007년.
http://www.ipcc.ch/publications_and_data/ar4/wg2/en/xccsc3.html 참고

49쪽. 해수면

출처 : 앤드류 켐프(Andrew C. Kemp) 외, '지난 2000년 동안 해수면 변화에 따른 기후 변동(Climate related sea-level variations over the past two millennia)', 미국국립과학원회보(Proceedings of National Academy of Sciences, PNAS), 2011년.
http://www.pik-potsdam.de/sealevel/en/images.html 참고

56쪽. 세계 인구

출처 : 국제연합 경제사회국(Department of Economic and Social Affairs, DESA) 인구부. 세계 인구 동향, 2010년 개정.
http://esa.un.org/unpd/wpp/index.htm
http://www.un.org/esa/population/publications/sixbillion/sixbillion.htm 참고

57쪽. 신흥국가

출처 : 〈디 차이트(Die ZEIT)〉 22호, 2008년 5월 21일 자.

62쪽. 평화공원

http://www.tfpd.co.za 참고

68쪽. 재생에너지

출처 : 지구환경변화자문위원회 '변하는 세상 : 지속가능성을 위한 사회 계약', 베를린, 2011년.

69쪽. 생태 전기로 만든 천연가스

출처 : 효과적이고 환경친화적인 에너지 사용을 위한 독일 연합(Arbeitsgemeinschaft für sparsamen und umweltfreundlichen Energieverbrauch, ASUE)

76쪽. 해안 풍력발전소

출처 : 토머스 리(Thomas L. Lee), 스탠베리 리소스(Stanbury Resources)사

76쪽. 날아다니는 풍력 터빈

출처 : 알타에로스 에너지스(Altaeros Energies) http://www.altaerosenergies.com 참고

76쪽. 풍력 연

출처 : 스탠포드 보고서(Stanford Report), 2009년.

79쪽. 사하라

출처 : 그린피스

80쪽. 세계 1차에너지

리아히 K(Riahi K.) 외, '지속가능한 미래를 향하여(Towards a Sustainable Future)', 지구 에너지 평가 보고서, 국제응용시스템분석연구소, 2012년.

82쪽. 매글레브 철도

출처 : 요시키 야마가타(Yoshiki Yamagata), 2010년 일본국립환경연구소(NIES).
http://www.nies.go.jp. 참고

82쪽. 관

출처 : 폴 마이클 그랜트(Paul Michael Grant), 2010년 미국 전력연구소(Electric Power Research Institute, EPRI) http://my.epri.com 참고

85쪽. 동물을 기반으로 하는 음식 섭취

출처 : 맥마이클(McMichael A. J.) 외, '식량, 가축 생산, 에너지, 지구 변화, 그리고 건강(Food, livestock production, energy, climate change and health)', 〈랜싯(The Lancet)〉 370호, 2007년.

85쪽. 필요한 토지 면적

출처 : 아츠코 와카미야(Atsuko Wakamiya), '얼마나 많은 토지가 있어야 사람을 먹일 수 있는가?(Wie viel Fläche braucht ein Mensch um sich zu ernähren)', 〈생태학과 농업(Ökologie & Landau)〉 159호, 2011년.

88쪽. 도시화

출처 : 그뤼블러(A. Grübler) 외, '도시 에너지계(Urban Energy Systems)', 리아히 K, '지속가능한 미래를 향하여 (Towards a Sustainable Future)', 지구 에너지 평가 보고서, 국제응용시스템분석연구소, 2012년.

88쪽. 높은 교육 수준

출처 : 루츠(W. Lutz)·구종(A. Goujon)·샌더슨(W. Sanderson), '1970년부터 2000년까지 120개국을 대상으로 진행한 나이, 성별, 교육 성취도에 따른 인구 부흥 정도(Reconstruction of populations by age, sex and level of educational attainment for 120 countries for 1970-2000)', 〈빈 인구조사 연감〉 193~235쪽, 2007년.

88쪽. 민주화

출처 : 모델스키(G. Modelski)·데베자스(T. Devezas)·톰슨(W. R. Thompson)(편집), '진화 과정으로서의 세계화: 세계 변화 모형 만들기(Globalization as Evolutionary Process - Modeling Global Change)', 애빙던(Abingdon) 라우틀리지(Routledge) 출판사, 2008년.

88쪽. 전제국가

출처 : 몬티 마샬(Monty G. Marshall)·벤자민 코울(Benjamin R. Cole), '갈등, 국가 경영, 국가 취약성(Conflict, Governance, and State Fragility)', 〈2009년 지구 보고서〉, 세계정책센터(Center for Global Policy) 침투하는평화센터(Center for Systemic Peace), 2009년.

92쪽. 비용

출처 : 2011년 지구환경변화자문위원회가 발표한 〈2010년 국제에너지기구 보고서〉

95쪽. 자연재해

출처 : 뮌헨레(Munich Re), '자연재해(Naturkatastrophen)' 2012년 평가 조항(Analysen, Bewertungen, Positionen), 〈2011년 뮌헨레 그룹 보고서〉, 2011년.

97쪽. 국가와 산업별 투자 비용

출처 : 2011년 지구환경변화자문위원회가 발표한 2009년 〈맥킨지(McKinsey) 보고서〉

98쪽. 전기 총생산량

자료 : AG에너지저장협회(AGEB)

99쪽. 전 세계 외화 보유율

출처 : 블룸버그(Bloomberg), 세계금위원회(World Gold Council).

100쪽. 에너지 수입 의존율

출처 : AG에너지저장협회.

101쪽. 일자리 창출

자료 : DLR·DIW·ZSW·GWS 예측, 2012년.

105쪽. 재생에너지

자료 : 독일에너지·수경제협회(Bundesverband der Energie und Wasserwirtschaft, BDEW), 레벤(Leben), 2012년. https://eco.ms/go/z9edl 참고

106쪽. 물질의 순환

출처 : 유럽경제지역(European Economic Area, EEA), '유럽 환경 상태와 전망(The European Environment State and Ourlook(SOER)', 물질 자원과 쓰레기, 2010년.
http://www.eea.europa.eu/soer/europe/material-resources-and-waste 참고

108쪽. 이산화탄소 배출 가격 감소

출처 : 〈프랑크푸르터 알게마이네 차이퉁(Frankfurter Allgemeine Zeitung, F.A.Z.)〉, 2012년 4월 17일 자.
http://www.faz.net/aktuell/wirtschaft/wirtschaftspolitik/klimaschutz-der-co2-ausstoss-wird-billig-11719914.html 참고

110쪽. 교토의정서 목표

출처 : 독일연방정치교육원(Bundeszentrale für politische Bildung, BpB).
http://www.bpb.de/nachschlagen/zahlen-und-fakten/globalisierung/52817/internationale-vertraege 참고

111쪽. 재생에너지에 투자하는 비용

출처 : '전 세계 재생에너지 투자 경향(Global Trends in Renewable Energy Investment)' 국제연합환경계획, 2011년.
http://fs-unep-centre.org/publications/global-trends-renewable-energy-investment-2011 참고

113쪽. 인도

출처 : 인도 자원환경부(Government of India Ministry of New and Renewable Energy, MNRE), 연간 보고서, 2006~2007년.

118쪽. 기후변화 평가서

출처 : 2011년 지구환경변화자문위원회가 발표한 〈2009년 세계 가치관 조사〉

119쪽. 삶의 질

출처 : 2011년 지구환경변화자문위원회가 발표한 〈2010년 베텔스만(Bertelsmann) 재단법인 보고서〉

121쪽. 가치관 변화

출처 :2011년 지구환경변화자문위원회가 발표한 〈2007년 유로바로미터(Eurobarometer) 보고서〉